铁路基础设施无人机
智能巡检方法与技术

秦　勇　吴云鹏　王志鹏　崔　京　杨怀志　贾利民　著

人民交通出版社股份有限公司
北京

内 容 提 要

本书针对铁路基础设施多方位智能协同感知与监测问题,详细介绍了铁路基础设施无人机智能巡检方法与技术。全书主要包括铁路基础设施无人机巡检业务需求、铁路基础设施无人机智能巡检系统构成与技术指标、铁路基础设施无人机巡检图像智能分析算法,以及在繁忙干线高速铁路的示范验证等内容。本书内容为铁路基础设施智能运维和"状态修"提供了新的技术支撑手段。

本书可供从事铁路运营安全监测与智能维修技术领域研究、分析和设计的工程技术人员、科研与行业管理人员使用,也可作为高校相关专业师生的参考用书。

图书在版编目(CIP)数据

铁路基础设施无人机智能巡检方法与技术／秦勇等著． — 北京 :人民交通出版社股份有限公司,2023.8
ISBN 978-7-114-18849-7

Ⅰ.①铁… Ⅱ.①秦… Ⅲ.①无人驾驶飞行—应用—高速铁路—基础设施—巡回检测 Ⅳ.①V279②U238

中国国家版本馆 CIP 数据核字(2023)第 112491 号

Tielu Jichu Sheshi Wurenji Zhineng Xunjian Fangfa yu Jishu
书　　名:铁路基础设施无人机智能巡检方法与技术
著 作 者:秦　勇　吴云鹏　王志鹏　崔　京　杨怀志　贾利民
责任编辑:齐黄柏盈
责任校对:赵媛媛　龙　雪
责任印制:张　凯
出版发行:人民交通出版社股份有限公司
地　　址:(100011)北京市朝阳区安定门外外馆斜街 3 号
网　　址:http://www.ccpcl.com.cn
销售电话:(010)59757973
总 经 销:人民交通出版社股份有限公司发行部
经　　销:各地新华书店
印　　刷:北京建宏印刷有限公司
开　　本:787×1092　1/16
印　　张:10.75
字　　数:211 千
版　　次:2023 年 8 月　第 1 版
印　　次:2023 年 8 月　第 1 次印刷
书　　号:ISBN 978-7-114-18849-7
定　　价:68.00 元

简写	全称	中文译文或含义
Adam		一种用于神经网络优化过程中的优化器
	Avg Pool	平均池化
Conv	Convolution	卷积
CutMix		多图像插值增强
CSPNet	Cross Stage Partial Network	跨阶段局部网络
DenseNet	Densely Connected Convolutional Networlss	级联网络
Dropout		一种可以降低神经网络过拟合的训练策略
DPRNet	Densely Pyramid Residual Network	金字塔式级联残差网络
DRB	Dense Residual Block	级联残差块
EfficientDet		一种可扩展且高效的目标检测网络
ERB	Enhanced Residual Block	改进残差块
	Filter Size	滤波器尺寸
Faster R-CNN	Faster Regions-based Convolutional Neural Networks	更快的基于区域的卷积神经网络
Fast R-CNN	Fast Regions-based Convolutional Neural Networks	快速的基于区域的卷积神经网络
FPN	Feature Pyramid Network	特征金字塔网络
GPU	Graphic Processing Unit	图像处理器
GIoU	Generalized Intersection over Union	广义重叠度
Ghost-YOLOv5		基于重影模块改进的一阶段网络
HOG	Histogram of Oriented Gradient	方向梯度直方图
IoU	Intersection over Union	交并比
IRB	Improved Residual Block	改进残差块

简写	全称	中文译文或含义
	Layer	层
Mixup		多图像混合增强
Mosaic		马赛克数据增强
	Max pool	最大池化
NMS	Non Maximum Suppression	非极大值抑制
OpenCV	Open Source Computer Vision Library	开源计算机视觉库
	Output Channels	输出通道
	Padding	填充
R-CNN	Regions-based Convolutional Neural Network	基于区域的卷积神经网络
RoI	Region of Interest	感兴趣区域
RoI Pooling	Region of Interest Pooling	感兴趣区域池化
RoI Align	Region of Interest Align	感兴趣区域校准
RPN	Region Proposal Network	区域生成建议网络
RetinaNet	Retina Network	一种典型的一阶段目标检测模型
ResNet	Residual Network	残差网络
RPNet	Rotation Pyramid Network	旋转金字塔网络
RNMS	Rotation Non Maximum Suppression	旋转非极大值抑制
RIoU	Rotation Intersection over Union	旋转交并比
ReLU	Linear rectification function	神经网络中一种非线性的激活函数
SVM	Support Vector Machine	支持向量机
SPPNet	Spatial Pyramid Pooling Network	空间金字塔池化网络
SSD	Single Shot MutiBox Detecor	单阶段多框检测器
SIFT	Scale-invariant feature transform	尺度不变特征变换
	Stride	步长
	Upsample	上采样
VGGNet	Visual Geometry Group Network	以研究小组名称命名的一种用于视觉分类的网络
YOLO	You Only Look Once	一种典型的一阶段目标检测模型

随着自然环境、线路周边环境对铁路运营的影响日益显著，大范围多方位的铁路基础设施及周边环境监测技术得到了国际范围内铁路行业的重视。铁路传统的设备检测技术一般基于地面、车载等方式，检测范围和角度存在局限性；近年来，以无人机为代表的自主化系统飞速发展，为铁路行业实现高效全自动化检测和全方位智能感知带来了新的解决途径和技术手段。

基于行业迫切需求和实际面临的重大问题挑战，本书提出并创建了铁路基础设施无人机智能巡检技术方法体系，为建立铁路运营大范围超视距协同感知、基础设施智能运维与"状态修"提供了理论方法支撑。相关研究工作得到了国家自然科学基金重大研究计划"基于临近空间平台的天地一体化信息网络关键技术集成与综合验证"、京沪高速铁路股份有限公司"京沪高铁基础设施无人机巡检关键技术研究"、中国国家铁路集团有限公司"高速铁路基础设施无人机巡检技术深化研究及应用"、国家重点研发计划"空天车地多源信息融合与大数据分析技术"等项目的大力支持，取得了一系列科研成果，其中部分成果获得了国际发明展金奖等科技奖励，并受科技部邀请参加国家"十三五"科技创新成就展并向中央领导汇报。同时，本成果指导了十余名该方向硕士、博士研究生，为行业技术发展和人才培养作出了积极的贡献。

本书共分为4章：第1章介绍了无人机在铁路行业和其他行业的巡检现状以及铁路基础设施各专业无人机巡检业务需求；第2章着重说明了铁路无人机智能巡检系统的构成、相关技术指标以及系统的安全作业规范；第 3 章重点介绍了作者团队在铁路基础设施无人机巡检图像智能分析处理方面的相关模型算法；第 4 章介绍了铁路无人机现场巡检方案和现场验证效果等。

衷心感谢科技部、国家自然科学基金委员会、京沪高速铁路股份有限公司、中国国家铁路集团有限公司、北京交通大学轨道交通控制与安全国家重点实验室、运营主动安全保障与风险防控铁路行业重点实验室的支持和资助。在研究过程中，得到了京沪高速铁路股份有限公司侯日根总工程师、邵长虹总经理以及中国铁路济南局集团有限公司济南西工务段张启福、王志强等专家的现场指导，还得到了北京交通大学谢征宇老师、北京工商大学于重重老师，以及陈平、牟宗涵、仇宁海、刘嘉豪、李齐贤、童磊、耿毅轩、孟凡腾的参与和帮助，在此一并表示诚挚的感谢！

限于作者水平，书中存在的疏漏和不足之处在所难免，恳请读者和同行批评指正。

秦　勇
2023 年 3 月 28 日于北京

Contents 目录

1

绪论

近年来,我国高速铁路飞速发展。2016 年 7 月,经国务院批复的《中长期铁路网规划》印发,提出构筑"八纵八横"高速铁路主通道,同时规划布局高速铁路区域连接线,并发展城际客运铁路。截至 2021 年底,全国铁路营业里程突破 15 万 km,其中高速铁路超过 4 万 km。预计到 2030 年,远期铁路网规模将达到 20 万 km 左右,其中高速铁路 4.5 万 km 左右,基本实现内外互联互通、区际多路畅通、省会高铁连通、地市快速通达和县域基本覆盖。同时,我国将成为世界上铁路投产运营里程最长、在建规模最大的国家。2021 年,交通运输部等 12 部门和单位联合印发《关于加强铁路沿线安全环境治理工作意见》,文件指出,随着我国铁路特别是高速铁路运营里程不断增加,改善铁路沿线安全环境对保障铁路高质量发展和人民群众生命财产安全的作用更加突出。2022 年初,交通运输部印发《交通强国建设评价指标体系》,重点强调了"安全"是经济社会稳定发展的重要前提,并把"交通运输安全性"作为主要的交通强国建设评价指标。因此,铁路安全是轨道交通发展的永恒主题。

然而,近年来铁路安全问题日益凸显,特别是铁路沿线周边环境安全隐患和重要设施严重影响铁路的安全运行,甚至威胁人民生命财产安全,如图 1-1 所示。例如,2013 年,因连日暴雨冲刷导致铁路路基塌陷,美国伯灵顿北方圣太菲铁路运输公司(美国 BNSF 公司)C44-9W 4722 号牵引货车在途经洛克湖栈桥时,部分机车脱轨,并有约 500gal(约 1892.7L)柴油泄漏,流入稻米溪河内。2016 年,日本东海道新干线的回声 659 号列车在行驶中,受电弓破损,其碎片击断接触网馈电线的补助吊架线,导致区间断电,造成巨大经济损失。2019 年,日本大阪府摄津市千里丘东的阪急京都线摄津市至正雀间段铁道口处,一处铁制轨道出现 3mm 裂纹,导致京都线和千里线上下行约 97 趟列车停运,约 18.47 万人出行受影响。2020 年,苏格兰铁路公司(ScotRail)的一列客运火车运行至阿伯丁郡(Aberdeen),因大雨和滑坡导致列车脱轨,造成包括司机在内的 3 人死亡。同年 8 月,我国新疆维吾尔自治区乌鲁木齐市内,某货运列车运行至乌将线某处,因地段线路曲线圆顺度不符合维修标准,且钢轨存在磨耗伤损,列车通过时钢轨折断,致使列车脱轨,导致乌将线中断行车 20.6h,构成铁路交通较大事故。因此,要保证铁路运行快速、安全,需要对铁路各专业提出快速、便捷、高效的巡检方式,以确保列车的安全。

目前,我国对铁路的各类巡检主要采用人工巡检和检测车巡检两种方式。人工巡检是指由经过特殊训练的专业人员利用人的五官或简单的仪器工具,对设备进行日常巡查,在巡检过程中对照标准发现设备异常和隐患,掌握设备故障的初期信息,为进一步检查或维修提供设备故障点、部位、项目和内容等信息。检测车巡检的主要特点是将巡检设备装载在轨检车上,利用图像处理技术、超声检测和激光检测技术等检测轨道平顺度、轮轨作用力、扣件的使用状态,以及钢轨出现的裂痕、坑洞、断裂等。现在大多数检测项目仍然由人工来主观判断其安全状态,并没有实现高效的自动巡检。例如,铁路轨道巡检是通过专业人员沿着线路例行检查,通过经验来判断轨道部件的缺陷状态;接触网悬挂状态检测是通过安装在检测车顶部的"接触网悬挂状态检测监测装置(4C)"拍摄图像,然后主要利用人眼判别零部件缺陷。随着人工智能的发展,一些研究机构提出了基础设施服役状态智能感知方法,推进了铁路基础设施智能化巡检的发展进程,大大弥补了人工巡检的不足。然而,目前铁路巡检技术仍然存在着夜间巡检条件差、巡检频率低、检查区域局限、自动化分析能力差等问题。无人机巡检具有远距离遥感、机动、灵巧等优势,在保证安全飞行不影响行车的前提下,可对铁路沿线基础设施的外部、底部、顶部等难以检测的部位,以及沿线大范围周边环境(如山区边坡、沿线违建、农林活动等),进行高效巡检,为我国铁路现有检测模式增加全新的"空地"检测模式,率先形成具有国际领先水平的铁路全方位协同检测新模式。

a)铁路灾难天气　　　　　　　b)轨道落石　　　　　　　c)接触网异物

d)列车脱轨　　　　　　　e)铁路旁违建　　　　　　　f)钢轨锈蚀

图 1-1　铁路沿线周边环境和重要设施的安全隐患

综上所述,有必要对铁路无人机巡检技术进行系统研究,为铁路大范围应用无人机巡检技术打下坚实的基础,从而完善巡检手段、消除巡检死角、提升巡检效率,最终达到提升基础设施服役安全水平和节约运行成本的目标。本书将研究基于无人机的铁路基础设施服役状态和周边环境隐患感知方法。

1.1 无人机巡检技术发展现状

1.1.1 铁路行业无人机巡检技术现状

国内外相关研究人员也对无人机在铁路上的应用做了大量研究。法国国家航空航天研究院(ONERA)帕莱索实验室探讨了基于无人机的铁路线路巡查任务的可行性,并针对无人机大范围铁路巡线任务提出了新的风险评估方法和模型。美国运输部利用各类无人机建立了遥感观测系统,用于全方位的运输网络图像感知,并对图像进行分析和评估。2015年,美国 BNSF 公司引进波音子公司生产的无人机巡检铁路环境与铁路沿线基础设施,监测线路基础设施安全状态(如观测钢轨裂缝、变形以及轨枕的状况等)。为了制定铁路网规划,尼日尔采用法国德莱尔 DT-18 型无人机实施地形勘测,其地面分辨率高达4cm。日本熊本县发生地震后,日本铁路派出无人机,在震区南阿苏铁路线上的白川一桥上空进行调查,这是日本铁路首次利用无人机对地震受灾情况进行调查和评估。美国联合太平洋铁路公司(UP)在获得联邦航空管理局(FAA)的批准后,使用无人机对线路旁污染物排放数据进行搜集,以用于空气质量监测和开展相关研究。法国铁路近年来开始使用无人机对线路、桥隧、车站、电力设施等基础设施中一些维修人员难以进入的区域进行检测监测。日本铁道综合技术研究所使用无人机巡检来感知铁路沿线岩体的裂纹或形状特征,并且发明了可检测出危险岩体的落石风险评估系统。

国内在铁路无人机保障运营安全领域也取得了不少进展。例如,贵阳工务段工作人员在 2013 年引进无人机搭载高清相机对铁路两侧上方的危岩、地质、地貌进行巡检,有效避免了人力排查所不及的隐患死角。2016 年,成都理工大学研究了基于无人机三维成像技术的铁路勘察方法,得出的结论认为,这种方法可以有效完成危岩落石体积计算、坐标计算等工作,相较于现有方法,效率更高且更适用于复杂艰险山区。自 2017 年起,中国铁路广州局集团有限公司广州供电段开始使用无人机作为铁路供电"6C"巡检系统的实验装备,负责协助详细巡检京广铁路普速线接触网。中铁六局集团电务工程有限公司维管分公司利用无人机对特殊地形的河口、山丘、桥梁,以及其他地段的电力设备进行日常巡视,达到了减少人工使用率40%的目标。2017 年,北京全路通信信号研究设计院集团有限公司研究认为,无人机巡检可以极大提高铁路巡检效率,在铁路出现灾害时,可以快速抵达现场、识别灾害区域并建立救灾无线通信网络,是一种极具发展前景的巡检和救灾方式。兰州交通大学设计了一种用于铁路线路隧道巡检的无人机巡检系统,该系统由无人机飞行设备、无人机操控设备、数据采集设备、数据显示设备等部件组成,能够更加精准地定位铁路线路故障点。在铁路无人机巡检系统设计方面,2018 年,株洲时代电子技术有限公司设计了一种铁路线路巡检系统,该系统由列车信息获取装置、飞行控制装置、数据及故障处理装置和数据采集装置组成,可以高效采集铁路线路的现场数据并进行处理,具有可靠性高和采集效率高等优点。2020 年,西安交通工程学院将无人机三维影像技术应用于铁路信号设备巡检,开发了一套铁路信号设备自动巡检系统,基于该系统的铁路信号设备巡检方法与现有方法相比,自动化程度更高、巡检效果更佳。

北京交通大学秦勇教授研究团队在国家自然科学基金重大研究计划集成项目"基于临近空间平台的天地一体化信息网络关键技术集成与综合验证"和京沪高速铁路股份有限公司重大科研项目"京沪高铁基础设施无人机巡检关键技术研究"的支持下,研制出基于无人机的铁路基础设施大范围智能巡检系统重大科研成果。该成果已顺利通过国家自然科学基金委员会和京沪高速铁路股份有限公司的验收,并应用在京沪高速铁路线路上,同时受到科技部邀请,参加国家"十三五"科技创新成就展。该系统可实现无人机的自主起飞、飞行、降落,具有多载荷的远程高清遥感遥测、巡检数据的在线回传入库、基于深度学习的缺陷图像自动识别分析,以及运维决策支持等核心功能。该系统已为京沪高速铁路现场巡检 200 余架次,并被列为京沪高速铁路开通十周年代表性创新成果,为京沪高速铁路实现一流的安全运营与维护管理提供了坚实的保障。图 1-2 为无人机铁路巡检技术示意图。

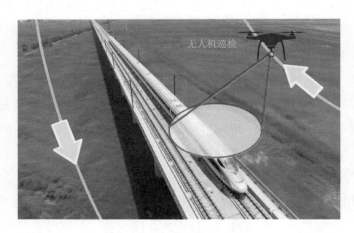

图 1-2　无人机铁路巡检技术

1.1.2　其他行业无人机巡检技术现状

无人机巡检具有高效、灵活和成本低等优点,因此,近年来无人机已经被广泛地应用于工程测量、植保检测、风力发电机叶片表面检测、电力设施安全检测、历史遗迹检测、森林火灾检测、桥梁裂纹检测、太阳能发电器故障检测、目标识别以及跟踪定位等相关领域，并且取得了理想的效果，逐渐成为无法替代的检测手段。

目前，无人机巡检方法在国内外电力设施安全检测领域已经非常成熟。英国仪埃电力科技（EA Technology）公司和威尔士大学最早利用无人直升机进行输电线路巡检，二者于 1995 年起开始合作，并在 Sprite 无人直升机的基础上合作研发出一款输电线路巡检飞行机器人，可以完成基于视觉的导航与基于视觉的输电线路跟踪及在线检测。日本千叶大学与日本关西电力公司联合研制了一套无人直升机系统，用于架空输电线路巡检，该系统集成了三维图像监测技术与故障自动检测技术。据统计，无人直升机比载人飞机节约近 50% 的巡检费用。2020 年，苏格兰和南方能源（SSEN）公司联手视觉数据管理服务供应商 Cyberhawk，运用无人机和 iHawk 数据管理平台来监控 SSEN 公司的电塔的运作状态。2021 年，日本北海道电力公司和自主控制系统研究所（ACSL，一家日本无人机公司）开发了一种能够在不具备信标导航条件的水力发电厂的调压水箱中自主飞行的无人机，实现了从调压水箱的顶部定期检查调压水箱的内壁，来检查其随时间的变差。

国家电网有限公司也早在 2013 年就部署了"在全国逐步推广输电线路机巡作业"的相关工作，并且将无人机巡检作业列入输电线路精益化考核指标。近年来，无人机技术日趋成熟，人工智能技术不断发展，我国电力行业已经开始使用无人机大面积巡查电力线路，无人机已成为巡检人员高效安全完成巡检作业的最佳工具。国内电网公司大多选用中型无人机，通过激光雷达、倾斜摄影等测绘手段获取电力杆塔和线路走廊内的高精度三维点云地图信息，离线规划拍摄目标生成巡检航线。然后，无人机依据规划的飞行航迹，在载波相位差分技术（RTK）厘米级精度定位信号下进行复杂业务自主飞行，并根据航线预设目标，无人机在指定位置悬停，控制云台指向目标并进行目标拍摄、识别。巡检方式和巡检结果示例如图 1-3 和图 1-4 所示，无人机巡检速度小于 15m/s，与线路设备距离小于 30m，水平距离小于 25m，与周围障碍物距离小于 50m。截至 2017 年底，国家电网有限公司已配有 1800 余架无人机，2017 年度无人机累计巡检杆塔数量超过 21 万基，累计发现 5 万余处缺陷，取得了较好的应用效果。此外，国家能源局发布了《架空输电线路无人机巡检作业技术导则》（DL/T 1482—2015），进一步规范了电力巡检行为。2020 年 12 月，中国南方电网超高压输电公司与大疆（DJI）及其合作伙伴中科智云科技有限公司，在昆北换流站联合发布并现场展示了特高压换流站无人机全自动巡检科技创新成果。通过大疆禅思 L1 激光雷达三维建模，大疆经纬 M300 RTK 无人机在强电磁干扰环境下，完成了一键式的全自动巡检。

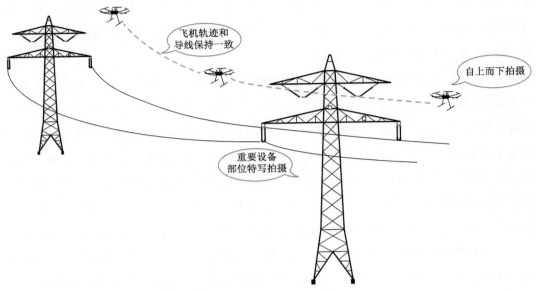

图 1-3　电网无人机全自动精细化巡检技术

a) 无人机焦距调整与拍摄　　　　　　b) 基于人工智能(AI)的自动缺陷识别

图 1-4　电网无人机全自动精细化巡检结果实例

为了补充现有铁路巡检手段的不足,解决行业中的关键问题,本书作者研究团队深入分析了铁路基础设施无人机巡检存在的问题,在此基础上研究了铁路巡检图像增强技术、接触网无人机智能故障诊断关键技术、钢轨表面缺陷无人机智能检测技术、线路周边环境安全隐患无人机智能巡检技术、桥梁钢架结构无人机智能缺陷检测技术等,并结合现场实际情况制定了相应的无人机巡检方案和安全保障技术。基于以上课题,作者团队针对铁路无人机巡检的相关研究已发表在 *Computer-Aided Civil and Infrastructure Engineering*、*Automation in Construction*、*IEEE transactions on intelligent Transportation Systems*、*Neurocomputing* 等科学引文索引(SCI)核心期刊上,且已申请授权"基于无人机作业的铁路扣件缺陷自动采集辨识方法""基于多尺度残差网络的图像去雾方法"等专利 10 余项。申请人团队先后参加了 CVPR 2018 图像去雾比赛和 2018 年中国多媒体大会图像去雾处理竞赛,分别获得亚军和第三名的好成绩,并且依托中国图像图形学学会和轨道交通控制与安全国家重点实验室,组织并成功举办了"基于小样本的高速铁路接触网图像检测分析大赛"。自 2017 年以来,已累计培养相关方向博士 4 人(含 1 人去美国交流访问一年)、硕士研究生 10 余人,且培养学生参加多场轨道交通领域顶级国际会议,包括 2019 年在美国华盛顿特区举办的第 98 届美国交通运输研究会(Transportation Research Board,TRB)年会。基于以上科研成果和经验,逐步形成铁路基础设施无人机巡检的应用基础理论、模型方法和关键应用技术。

1.2 铁路基础设施巡检业务需求

本节将从铁路工务、供电及电务领域的业务需求出发,依据《高速铁路路基修理规则》《接触网悬挂状态检测监测装置(4C)暂行技术条件》和《铁路通信铁塔维护管理办法》等,分别介绍铁路基础设施的主要巡检需求。

1.2.1 工务领域

铁路工务段主要负责铁路线路及桥隧设备的保养与维修工作,下设若干线路车间、路桥车间、综合维修车间、综合机修车间、运输车间等专业车间。铁路线路、桥梁、隧道、房建等巡检都属于工务段职责范围。

(1)《高速铁路路基修理规则》《高速铁路无砟轨道线路维修规则(试行)》《高速铁路桥隧建筑物修理规则(试行)》等规定了高速铁路线路及桥梁的检修要求和合格标准。具体如下:

①钢轨检测:钢轨头部无磨耗;轨顶面无擦伤;钢轨无剥离掉块、锈蚀、波形磨耗、焊接接头低塌、表面裂纹等损伤形式。

②路基检测:路基设备状态无各种病害种类(滑坡、泥石流、崩坍落石、边坡溜坍、风化剥落、陷穴基床翻浆冒泥、挡防护损坏等)。

③车站咽喉区道岔及扣件检测:岔枕螺栓、T 形螺栓无折断或严重锈蚀;弹性铁垫板或弹性基板的橡胶与铁件无严重开裂;弹条、弹性夹、拉簧、弹片、挡板等无损坏;轨距块、挡板、缓冲调距块、偏心锥等无严重磨损;垫板、滑床板、护轨垫板的焊缝无开裂。

④辊轮检测:辊轮上、下部分连接螺栓无松动、折断、缺失、破损。

⑤桥面有关设施环境检测:桥面电缆槽、排水管内无积水,且没有影响排水的沙土、垃圾等

杂物;梁端伸缩装置无渗漏水情况,防水橡胶带不存在脱落、开裂、破损情况。

⑥钢筋混凝土梁检测:梁无裂缝,且不流锈水;防排水设施有效且梁体表面无白浆。

⑦钢梁结构检测:运营中钢梁保护涂装起泡、裂纹或脱落的面积不超过25%,点锈面积不超过5%;钢梁杆件盖板洞孔边缘完好;工字梁、板梁腹板洞孔边缘完好;钢梁梁端伸缩装置连接螺栓无松动。

⑧防落梁挡块检测:防落梁挡块的活动支座旁挡块与支承垫石、墩台顶面无顶死;墩顶相邻跨挡块未连成整体。

⑨支座检测:支座的聚四氟乙烯板锚栓无缺少或剪断;橡胶密封圈无脱落或外翻;下支座板与支承垫石间灌浆料、干硬性砂浆无开裂;支承垫石无开裂、积水、翻浆;钢件无裂纹;主要受力部位焊缝无脱焊。

⑩裂纹、裂缝检测:易出现裂纹的位置(下承式桁梁的端横梁与纵梁连接处下端,受拉翼缘焊接盖板端部,主梁、纵横梁受拉翼缘边,焊缝处)无裂纹;易出现裂缝的位置(钢筋混凝土梁、预应力混凝土梁的下缘竖向及腹板主控应力方向,预应力混凝土梁体纵向及斜向、横隔板处,钢筋混凝土梁及框架的主筋附近竖向、腹板竖向及斜向处,石、混凝土拱的拱圈横向、斜向及纵向处,墩台顶帽处,墩身有冻结作用的部分处)无明显裂缝。

(2)《铁路安全管理条例》(国务院令第639号)规定了铁路线路两侧的安全保护区范围以及巡检要求和标准。具体如下:

①保护区内无烧荒、放养牲畜、影响铁路线路安全和行车瞭望的植物。

②保护区内无排污、垃圾倾倒现象。

③建造建筑物、构筑物等设施时,无违规取土、挖砂、挖沟、采空作业或者堆放、悬挂物品现象;建筑物、构筑物、设备的检测不越过铁路建筑限界。

④护坡草坪或片石无缺失、坑陷塌方,抹面无脱落、坑陷塌方;铁路路基无塌方等。

(3)高速铁路工务段房建检修要求,主要检修项目和标准如下:

棚顶无积水、锈蚀或漆面脱落,站名牌固定件无锈蚀,固定件或咬口无松脱、开裂、松动开焊、失稳变形,站字无脱漆锈蚀。

(4)《高速铁路声屏障维护管理办法》对声屏障的检测内容和标准做了规定。具体检修标准如下:

声屏障基础无破损掉块;底部重力式流动砂浆无开裂、破损、空洞、脱落、掉块;声屏障连接螺栓无缺少、松动、锈蚀;声屏障立柱无歪斜,立柱连接处无积水、锈蚀;插板式声屏障单元板无破损、开裂、窜动、横向晃动;整体混凝土板无开裂、破损、空洞;钢筋无锈蚀;吸声板未脱离;单管橡胶垫、橡胶条、解耦装置等橡胶制品以及铆钉等部件无缺失、脱落;金属件无锈蚀。

1.2.2 供电领域

铁路供电段主要负责电气化铁路的牵引供电、铁路运输信号供电、铁路地区的电力供应、电力设备的检修与保养等工作。接触网作为电气化铁路的重要行车设备,是铁路电气化工程的主构架,是沿铁路线上空架设的向电力机车供电的特殊形式的输电线路。《接触网悬挂状态检测监测装置(4C)暂行技术条件》和《高速铁路接触网运行维修规则》规定了接触网支撑设备缺陷检测,以及接触网维修、大修的技术标准。具体检修内容和合格标准如下:

(1)支柱检测:支柱、拉线与基础无破损、下陷、变形等异常;横腹杆式钢筋混凝土支柱表面光洁平整,横腹板无破损;翼缘破损和露筋不超过 2 根;支柱翼缘无横向、斜向和纵向裂纹;环形等径预应力混凝土支柱表面光洁平整,且合缝处无漏浆,无混凝土剥落、露筋等缺陷;金属支柱及硬横梁支柱本体无弯曲、扭转、变形,各焊接部分无裂纹、开焊;主角钢无扭转,副角钢弯曲不超过 2 根,表面防腐层剥落面积不超过 5%;整正支柱使用的垫片不得超过 3 块;支柱根部周围 5m 范围内不得取土,1m 范围内应保持清洁,无积水和杂物。

(2)吊弦检测:吊弦线夹在直线处保持铅垂状态,曲线处垂直于接触线工作面;曲线处接触线吊弦线夹螺栓穿向曲线外侧;吊弦载流环固定在吊弦线夹螺栓的外侧,接触线吊弦线夹处载流环与列车前进方向一致;承力索吊弦线夹处载流环与列车前进方向相反;始触区除吊弦线夹以外无任何线夹类金具。

(3)支持装置检测:双线路腕臂保持水平状态,无永久性变形;定位立柱保持铅垂状态。

(4)螺栓检测:接触悬挂、定位支撑装置、支柱(含拉线)和基础、附加悬挂、接地装置、标识等螺栓齐全,无松脱现象。

(5)线索类检测:各种线索(包括供电线、正馈线、加强线、回流线、保护线、架空地线、吸上线和软横跨线索等)无烧损、松脱、偏移等情况;同一跨距内不允许有 2 个承力索接头;正线接触线不允许有接头,一个锚段内侧线接触线接头的总数量在规定数量范围内;弹性吊索不得有散股、断股(丝)、接头、补强、硬弯;中心锚结所在的跨距内接触线无接头和补强,中心锚结绳范围内无吊弦和电连接;电连接线无接头、压伤和断股现象,电连接线夹与接触线、承力索、供电线之间连接牢固,线夹内无杂物;补偿绳位于渐开线轮槽正中,无散股、断股、接头现象,无扭绞、与其他部件和线索相摩擦的状态。

(6)电缆检测:电缆本体各部分无机械损伤,无过热变色、变形、开裂、放电现象;电缆固定支架无松动、严重锈蚀或变形,电缆悬挂钢索和挂钩无严重锈蚀或脱落;电缆终端表面干燥、清洁、密封良好,无渗漏水、裂纹、老化、破损等,且保证竖直向上,不得出现偏转、扭曲变形情况,伞裙不得挤压变形,终端接地线无破损现象,受损股数不得超过总数的 20%;应力锥无受力变形;电缆作波浪形敷设,在敷设过程中,无铠装压扁、电缆绞拧、护套折裂破损等现象;外露部分电缆护管无损伤且封堵良好。

(7)避雷器、绝缘子检测:避雷器呈竖直状态,表面清洁,安装牢固,无裂纹、破损及放电痕迹;引线无烧伤、断股;脱离器状态良好,无破损、裂纹;支持绝缘子处于竖直状态,表面清洁且无破损和放电痕迹,瓷釉剥落面积在规定范围内。

(8)安保装置及标识检测:各种标识和揭示牌应完整无损、安装牢固、字迹清晰、便于瞭望,不得侵入限界,与行车有关的标识一般应设于列车运行方向的左侧;限界门、安全挡板或网栅、各种标识齐全、完整。

(9)环境检测:无危及供电安全的树木;侵限建筑物拆除均已完成;无鸟巢、危树等可能危及接触网供电的周边环境因素,无侵入限界、妨碍机车车辆运行的障碍等;无因塌方、落石、山洪水害、施工作业及其他周边环境等危及接触网供电和行车安全的现象。

(10)其他部位检测:监测电气节点状态的示温贴片保持清洁;地面磁感应器无缺损、破裂或丢失;坠砣块完整,自上而下编号且叠码整齐;棘轮本体无裂纹、变形;隔离开关操作机构完好无损并加锁,操作机构箱密封良好,箱体及托架等无锈蚀并可靠接地;软横跨垂直于正线,各部螺栓、垫片、弹簧垫圈齐全,螺栓紧固;硬横梁(角钢)无变形和开焊,锈蚀面积不超过20%,焊接处无锈蚀。

1.2.3 电务领域

铁路电务段是负责管理和维护列车在运行途中的地面信号与机车信号及道岔正常工作的单位。电务段的职责是维护信号设备,使信号正常显示,维护转辙机及道岔,使道岔扳动正常,确保列车正常运行。铁路通信铁塔(以下简称"铁塔")是铁路通信网重要的配套设备、基础性设施,是铁路运输生产的重要设施。铁塔的安全,直接关系铁路无线通信业务的正常运用和行车安全。《铁路通信铁塔维护管理办法》规定了铁塔的维护项目、维护周期、维护质量标准。根据维护方式不同,铁塔检修分为日常检修、集中检修、重点整修。不同的检修方式,有不同的检修项目和标准。铁塔主要检修项目及其标准如下:

(1)构件检测:铁塔的主要构件和辅助构件(如爬梯、天线支架等)无开裂或明显弯曲、扭曲变形、缺损、丢失。

(2)螺栓、螺母等连接件检测:各部位螺栓、螺母齐全、无松动;抽查全塔连接节点数的10%,且检查连接节点数应不少于3个;地脚锚栓无松动、缺失;法兰盘连接牢固、平整,法兰实际接触面与设计基础面之比应不少于75%,塔脚底板与基础面接触良好。

(3)锈蚀、防锈处理检测:要求主要产生锈蚀的部位(塔体构件、焊缝、锚栓、螺栓、螺母等防腐涂层、天线支架及线塔的拉线、防雷引下线连接处等）无锈蚀；热浸镀锌层表面光滑，在连接处不允许有毛刺、满瘤和多余结块，无过酸洗或露铁等缺陷；生锈面积超过构件面积40%的构件，应对整个构件进行除锈并油漆防锈处理；生锈构件数量超过全塔构件数量的50%的铁塔，应对全塔进行除锈并油漆防锈处理。

（4）各类引线及拉线检测：地线及其引线、防雷引下线连接牢固；铁塔与防雷地网有效连接；天线支架、线塔的拉线安装牢固，无松弛、断股抽筋。

（5）标志牌检测：塔顶航空标志灯、安全警示标牌无松动、丢失。

（6）焊缝检测：铁塔主要构件的焊缝连接无开裂。

（7）铁塔基础及周围环境检测：铁塔基础及周围环境无下沉、拔起、滑移，塔基周围防洪设施、边坡无塌陷或损坏；塔基相关建筑物结构牢固、无损伤。

（8）混凝土检测：混凝土无裂缝、酥松，周围无积水，环境整洁，无杂草、杂物。

2

铁路基础设施无人机
智能巡检系统

2.1 智能巡检系统总体构成

铁路无人机智能巡检系统采用无人机及其配套设备对铁路工务、电务、供电等基础设施和线路周边环境的安全状态进行巡视和检测,并基于无人机巡检采集到的数据进行智能化分析,为铁路基础设施的管理与维护提供数据和技术支撑。该系统可划分为飞行分系统、任务载荷分系统、飞控平台分系统、智能分析分系统四个部分,如图 2-1 所示。

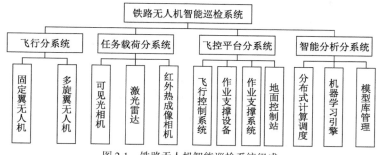

图 2-1 铁路无人机智能巡检系统组成

铁路无人机智能巡检系统巡检流程(图 2-2)主要包括六个部分:①选定无人机巡检作业的地点区段,明确巡检任务并进行相应的空域申请和报备工作;②针对巡检的具体内容和巡检对象,明确飞行分系统和任务载荷分系统中无人机以及载荷的相关参数及选型;③制定飞行路线,明确巡检任务的相关信息,包括作业时间、作业地点和作业人员等;④分配下达巡检任务,由相关现场工作人员进行巡检安全保障和数据采集的工作;⑤无人机现场作业的数据和飞行航道信息通过网络进行实时回传与存储;⑥通过各巡检对象所匹配的目标检测算法进行缺陷检测与识别,将检测结果返回给工作人员以便进行结果的校对核验工作,并将缺陷信息通知给维修人员进行处理。

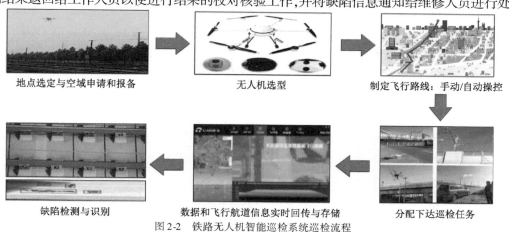

图 2-2 铁路无人机智能巡检系统巡检流程

2.2 分系统构成及其技术指标

2.2.1 飞行分系统

飞行分系统中的无人机与任务载荷分系统相兼容,可将任务载荷分系统中的载荷挂载于平台上,并接收地面控制站的信息指令来实现飞行作业。飞行分系统中的无人机在飞行作业过程中具备符合空域管理要求的空域保持能力和可靠被监视能力。

按照《无人驾驶航空器飞机管理暂行条例(草案)》的分类,无人机可分为大型无人机、中型无人机、小型无人机、轻型无人机和微型无人机。考虑线路巡检内容和数据采集要求,飞行分系统在作业过程中选用轻型或小型无人机。微型无人机,是指空机重量小于0.25kg,设计性能同时满足飞行真高不超过50m、最大飞行速度不超过40km/h、无线电发射设备符合微功率短距离无线电发射设备技术要求的遥控驾驶航空器。轻型无人机,是指同时满足空机重量不超过4kg,最大起飞重量不超过7kg,最大飞行速度不超过100km/h,具备符合空域管理要求的空域保持能力和可靠被监视能力的遥控驾驶航空器,但不包括微型无人机。小型无人机,是指空机重量不超过15kg或者最大起飞重量不超过25kg的无人机,但不包括微型、轻型无人机。

(1)无人机基本性能要求。

挂载任务载荷进行线路采集任务的无人机需满足基本的性能要求以确保任务顺利安全完成,无人机飞行器的基本性能用最大续航时间、巡航速度和最大平飞速度等性能指标进行表示,基本性能要求见表2-1。

无人机飞行器基本性能要求

表2-1

基本性能指标	指标参数要求
最大续航时间	保持滞空最长时间不小于30min
巡航速度	所能达到的最大速度不小于20km/h
最大平飞速度	在水平直线飞行条件下,所能达到的最大速度不小于30km/h
最大爬升率	不小于3m/s
最大下降率	不小于1m/s
飞行姿态平稳度	倾斜角和俯仰角平稳度精度误差3.5°,偏航角稳度精度误差3°
最低承受载荷	需大于1kg
飞行高度	相对于线路及其周边环境来说不低于50m
飞行作业距离	最短作业距离不低于5km,最长作业距离不低于100km

（2）无人机场景适用性要求。

在满足基本性能要求的前提下,对无人机在不同巡检场景下作业的适用性提出要求。无人机场景适用性需考虑具体应用场景下需要采集和拍摄的目标以及对目标分辨率等数据呈现结果的要求。表2-2细化了无人机在不同的应用场景下的飞行速度、拍照间隔、云台姿态角度、飞行相对高度、横向安全距离等具体性能要求,其中各场景中具体的数据采集目标是通过调研现有工务、电务、供电等基础设施和线路周边环境检测内容、检测方式和精度等实现不断更新。

无人机场景适用性要求 表2-2

基本性能要求	应用场景									
	工务							隧道口	电务铁塔	供电接触网	路基和环境
	线路	声屏障	桥梁								
飞行速度(m/s)	2	2	2					8	2	2	8
拍照间隔(s)	2	2	2					3	2	—	2
云台姿态角度(°)	50±10	40±10	90±30					40±10	40±10	40±10	85±5
飞行相对高度(m)	50±2	50±2	10+5	35±2	45±3	45±3	50±3	80±2	50±2	80±2	80±2
横向安全距离(m)	40±3	40±3	-5±3	40±3				20±3	40±3	30±3	40±3

（3）无人机机型选择。

飞行分系统中,巡检所用的轻型或小型无人机除了满足基本性能要求和场景适用性要求之外,对所用到的固定翼无人机和多旋翼无人机也提出了在环境适用性、飞行性能等方面的具体指标要求。多旋翼无人机依靠多个旋翼产生的升力来平衡飞行器的重力,可以进行悬停操作并在一定速度范围内以任意的速度飞行;固定翼无人机必须要有一定的无空气的相对速度才会有升力来飞行,在大航程和有高度的需求时有突出优势。因此,在巡检任务中,无人机类型的具体选用情况需要依据巡检内容、巡检里程和相应要求进行。

固定翼无人机应符合表2-3所列要求。

固定翼无人机性能要求 表2-3

序号	指标类别	指标要求
1	环境适应性	存储温度范围: -20~60℃
		工作温度范围: -10~50℃
		相对湿度:≤95%(25℃)
		抗风能力≥10m/s(距地面2m,瞬时风速)
		抗雨能力:在小雨(12h内降水量小于5mm的降雨)环境条件下短时飞行和降落
		IP45等级防护,防尘能力4级,防水能力5级
2	飞行性能	巡检实用升限(满载,平原丘陵地区)≥4000m
		巡检实用升限(满载,高海拔地区)≥6000m

序号	指标类别	指标要求
2	飞行性能	悬停时间:无负载≥600min;满载≥300min
		飞行速度≥100km/h
3	重量指标	空机(不含电池)≤100kg
4	飞行控制精度	地面坐标水平精度≤1.5m
		地面坐标垂直精度≤3.0m
		倾斜角平稳度、俯仰角平稳度精度误差≤3.5°
		偏航角平稳度精度误差≤3°
5	最大载荷	≥15kg
6	展开和回收时间	展开时间≤30min
		回收时间≤20min
7	可靠性指标	平均无故障间隔时间(MTBF)≥50h

多旋翼无人机应符合表2-4所列要求。

多旋翼无人机性能要求　　　　　　　　　　　　　　表2-4

序号	指标类别	指标要求
1	环境适应性	存储温度范围:−20~60℃
		工作温度范围:−10~50℃
		相对湿度:≤95%(25℃)
		抗风能力≥10m/s(距地面2m,瞬时风速)
		抗雨能力:在小雨(12h内降水量小于5mm的降雨)环境条件下短时飞行和降落
		IP45等级防护,防尘能力4级,防水能力5级
2	飞行性能	巡检实用升限(满载,平原丘陵地区)≥2000m
		巡检实用升限(满载,高海拔地区)≥4500m
		悬停时间:无负载≥50min;满载≥20min
		最大爬升率≥3m/s
		最大下降率≥3m/s
3	重量指标	空机(不含电池)≤7kg
4	飞行控制精度	地面坐标水平精度≤1.5m
		地面坐标垂直精度≤3.0m
		倾斜角平稳度、俯仰角平稳度精度误差≤3.5°
		偏航角平稳度精度误差≤3°
5	最大载荷	≥2.5kg
6	展开和回收时间	展开时间≤5min
		回收时间≤5min
7	可靠性指标	平均无故障间隔时间(MTBF)≥50h

2.2.2 任务载荷分系统

在任务载荷分系统中,任务载荷定义为搭载在飞行分系统无人机上、为完成作业飞行特定任务功能的设备或装置。任务载荷分系统是铁路无人机巡检系统获取巡检数据的信息媒介,包括可见光相机、激光雷达和红外热成像相机多种专业载荷。

其中,可见光相机载荷通过获得的高分辨率可见光图像,可用于各专业缺陷及隐患的智能分析识别,可满足无人机铁路巡检各专业的要求;激光雷达载荷通过获得的激光点云数据,可用于供电及环境巡检的三维建模,并且点云数据中包含目标的坐标数据,是缺陷及隐患定位的基础;红外热成像相机载荷具备测温功能,通过无人机挂载可准确呈现铁路基础设施设备运行状态,帮助铁路运维人员及时排查缺陷。红外热成像相机载荷在大雾、夜晚等能见度低的情况下能迅速定位异常目标。如果周边环境有起火情况,无人机能迅速发现起火点,帮助消防人员制定精准的救火方案。

(1)任务载荷选型要求。

挂载到无人机的任务载荷需满足基本的性能要求,以确保巡检任务顺利安全地完成,因此需对多种专业任务载荷的环境适应性、云台性能、存储模式等性能指标进行定义。指标要求主要是通过不同巡检场景下的数据需求来确定。

巡检选用的可见光相机应符合表 2-5 所列要求。

可见光相机载荷性能要求 表 2-5

指标类别	指标要求
环境适应性	存储温度范围: -20 ~ 60℃
	工作温度范围: -10 ~ 50℃
	相对湿度:≤95%(25℃)
	IP44 等级防护,防尘能力 4 级,防水能力 4 级
有效像素	≥200 万像素
云台性能	角度抖动量≤0.02°
	可控转动范围要求:俯仰: -60° ~ +30°;平移: ±180°
重量指标	≤2kg
存储模式	以 BMP 或 JPEG 文件格式存储图像,以 MP4 或 MOV 文件格式存储视频;机载存储应采用插拔式存储设备,存储空间≥32GB
镜头	广角相机视野(DFOV)≥80°;变焦相机可实现 20 倍以上光学变焦
最小快门速度	≤2s

巡检选用的激光雷达应符合表 2-6 所列要求。

激光雷达载荷性能要求   表 2-6

指标类别	指标要求
环境适应性	存储温度范围: -20 ~ 60℃
	工作温度范围: -10 ~ 50℃
	相对湿度: ≤95%(25℃)
	IP44 等级防护,防尘能力 4 级,防水能力 4 级
最大探测距离	≥100m
测距精度	≤30mm
角分辨率	≤0.2°
波长范围	905 ~ 1550nm
扫描频率	≥320kHz
点密度	≥100 点/m²
重量指标	多旋翼无人机搭载≤2.5kg;固定翼无人机搭载≤15kg
存储模式	机载存储应采用插拔式存储设备,存储空间≥64GB

巡检选用的红外热成像相机应符合表 2-7 所列要求。

红外热成像相机载荷性能要求   表 2-7

指标类别	指标要求
环境适应性	存储温度范围: -20 ~ 60℃
	工作温度范围: -10 ~ 50℃
	相对湿度: ≤95%(25℃)
	IP44 等级防护,防尘能力 4 级,防水能力 4 级
有效像素	≥30 万像素
波长范围	8 ~ 14μm
云台性能	角度抖动量≤0.02°
	可控转动范围要求:俯仰: -60° ~ +30°;平移: ±180°
重量指标	≤2kg
存储模式	以 BMP 或 JPEG 文件格式存储图像,以 MP4 或 MOV 文件格式存储视频;机载存储应采用插拔式存储设备,存储空间≥32GB
镜头	可实现 4 倍以上光学变焦
最小快门速度	≤2s

(2)任务载荷集成要求。

任务载荷分系统通过集成,将一个或多个载荷挂载于无人机平台上,因此,飞行分系统和任务载荷分系统应符合下列要求:①设计集成的结构和重量,应满足无人机平台的重量、尺寸等飞行要求;②设计集成的电气接口应与无人机平台的接口兼容;③多个载荷集成时,应当保证各载荷在云台转动时不互相干扰。

2.2.3 飞控平台分系统

飞控平台分系统负责飞行分系统和任务载荷分系统在数据采集任务中的分配、控制和调度等,主要包括飞行控制系统、作业支撑设备、作业支撑系统和地面控制站四部分。其中,飞行控制系统是无人机在飞行过程中,利用自动控制系统,能对其自身的构形、飞行姿态和运动参数实施控制的系统。飞行控制系统由传感器、机载计算机和伺服作动设备三部分组成,具有无人机姿态稳定和控制、无人机任务设备管理和应急控制等功能。作业支撑设备是指在地面端配合无人机实现自主起降、自动收储的设备。作业支撑系统可实现对铁路无人机的飞行态势实时监管、限飞区查询、飞行计划申报、空域评估、无人机设备管理、无人机入云等。地面控制站是指用于实现任务规划、数据链路、飞行控制、载荷控制、轨迹显示、参数显示和载荷信息显示,以及记录和分发等功能的设备。

飞控平台分系统主要涉及飞行控制设备、飞行控制系统、无人机北斗定位导航融合应用技术、人机超视距长距离遥控和无人机飞行安全防护技术等。

(1)飞行控制设备。

飞控平台分系统的飞行控制设备主要包括飞行记录仪、导航设备等。其中,飞行记录仪需确保持续存储数据时间不小于50h;导航设备应根据无人机导航的作业场景需要,选择定位方式,明确定位精度。

(2)飞行控制系统。

飞控平台分系统的飞行控制系统包括传感器、机载计算机和伺服作动设备三部分,这三部分的主要功能是实现无人机姿态稳定与控制、无人机导航与航迹控制、无人机起飞与着陆控制和无人机任务设备管理与控制等。

(3)无人机北斗定位导航融合应用技术。

飞控平台分系统基于北斗地基增强系统,利用差分技术,为无人机飞行提供高精度的北斗定位信息,同时借助高精度北斗电子地图,实现高精度的目标对象测量定位。

辅助通信链路利用北斗辅助定位装置实现对无人机位置的监测,并且为配合无人机的安全飞行作业,可将定位信息和无人机遥测信息实时存储,北斗定位信息以短报文的形式发送,从而达到在无人机遥测数据链路出现故障的情况下,依然可以通过北斗定位系统来确定无人机状态和位置的目的,同时利用高精度的北斗位置信息为无人机导航,提升无人机飞行稳定性。

(4)人机超视距长距离遥控。

飞控平台分系统基于先进的频谱高效处理、多天线分集接收等技术,具备传输链路能高效同时传输控制数据和视频数据的能力,以及抗多径干扰能力和抗多普勒效应能力;利用先进的纠错编码技术使其接近香农极限的译码能力,提高接收灵敏度;集成高清晰度和低延迟的编解码模块,降低码率对带宽的影响,保证其超视距长距离遥控。

(5)无人机飞行安全防护技术。

飞控平台分系统具备安全模式切换功能,当无人机导航系统被干扰时,无人机自动切换至定高模式,确保无人机可控;设有无人机低电压保护,当电压低于设定的报警阈值时,建议无人机返航,严重低电压情况下将自主返航;当检测到遥控器或数传电台数据链路断开,启用数据链路断开安全保护机制,让无人机继续安全执行任务或者返航;结合地理位置信息与无人机飞控技术开发了电子围栏功能,避免无人机进入铁路等敏感区域。此外,如果由于飞行操作者失误操作导致无人机的飞行路径将进入敏感区域,设置的电子围栏功能也将禁止无人机最终进入敏感区域,确保无人机在规定的安全区域内飞行作业。

2.2.4　智能分析分系统

智能分析分系统通过对模型库的管理和调度完成对不同场景下巡检数据的自动分析处理、后期数据整理以及数据的可视化展示等功能。飞控平台分系统下达的数据采集指令以及具体的数据采集要求,由相应的飞行分系统和任务载荷分系统执行相关命令操作,并将无人机任务载荷采集到的批次数据传入智能分析分系统。智能分析分系统具有分布式计算调度、机器学习引擎、模型库管理等功能。

(1)分布式计算调度。

智能分析分系统中的分布式计算调度分为任务调度和资源调度。任务调度是根据应用特性和运算需求将应用负载分解成任务,并配置任务执行的顺序和优先级。资源调度依据应用对资源的需求,将合适的异构资源分配给特定任务,满足任务对运算性能和时间的要求,多任务共享资源以优化资源使用率。

任务调度的要求包括:

①应支持模型推理的任务调度,支持基于主流开源框架的计算任务;

②应支持大规模任务容器化调度,支持系统在物理机或虚拟机上的部署;

③应支持任务跨集群调度,本地任务可调度到另一个集群中计算;

④应提供任务调度和资源使用的视图;

⑤宜支持定义作业的优先级,支持定时作业、超时作业、重试作业设置。

(2)机器学习引擎。

智能分析分系统中的机器学习算法库为算法提供了安全可靠的管理功能,包括算法的注册、存储、下载、评价、优化，以及用户鉴权、多版本管理、升级维护、运行监控等。按算法需求，机器学习引擎提供特征数据的选择、提取、构建等。

机器学习引擎的要求包括：

①应支持主流开源计算框架（例如，TensorFlow、Caffe、PyTorch）；

②应支持多种类型的深度学习算法（例如，YOLO 算法、卷积神经网络、递归神经网络等）；

③应支持主流深度学习框架模型镜像的发布、版本管理，以及服务实例、资源的动态伸缩调度；

④应支持算法的统一注册和管理；

⑤应提供算法训练的日志及中间结果分析功能；

⑥宜根据算法需求，支持特征的选择、提取和构建。

（3）模型库管理。

智能分析分系统中的模型库为系统提供了对机器学习模型存储使用和迭代更新的管理能力。模型库管理的要求包括：

①模型库管理包括预置已训练的 AI 模型，以及支持模型导入、导出、更新、发布、迁移、版本控制等；

②通过可视化辅助开发工具、多模型融合开发、模型二次训练等方式支持模型的更新部署。

2.3 系统安全作业规范

为确保铁路无人机巡检任务高效顺利地完成，在作业和使用过程中，系统安全作业是首要条件。系统安全作业规范从系统安全保障和系统维护与异常处置两方面入手，其中系统安全保障主要包括设备安全保障、人员安全保障和使用安全保障三方面，系统维护与异常处置则包括系统维修与保养和系统异常处置等相关内容。

2.3.1 系统安全保障

设备安全保障部分，从无人机系统本身的系统构成入手，对飞行分系统和任务载荷分系统等系统的设备安全做了进一步的定义和要求；人员安全保障部分，对无人机系统驾驶员自身资质能力以及作业内容做了规定；使用安全保障部分，则针对作业前、起飞前、作业过程中和巡检作业完成后等不同的系统巡检时段对相关要求和注意事项做了说明和补充。

（1）系统设备安全保障。

执行飞行作业的无人机巡检系统的设备安全保障主要包括飞行分系统、任务载荷分系统和飞控平台分系统三部分内容。

飞行分系统中的无人机按照结构形式，可分为固定翼无人机、无人直升机、多旋翼无人机与其他类无人机。无人机主要包括机体、动力系统、执行机构、电气系统、起落架以及其他保证无人机飞行平台正常工作的设备和部件，用于无人机系统各功能单元集成，并执行作业飞行任务。机载飞控系统主要包括飞控板、惯性导航系统、定位系统接收机、传感器系统等部件，用于无人机的导航、定位和飞行控制。

任务载荷分系统中的任务载荷包括无人机搭载的各种专用设备或装置，用于保障无人机系统完成专业作业飞行任务。根据巡检任务的具体内容、要求及巡检环境，在任务载荷分系统中选用适合的任务载荷设备，例如可见光相机、激光雷达和红外热成像相机。

飞控平台分系统的地面控制站主要包括无线电遥控装置、无线电接收机、后台监控系统等，用于飞行任务的规划与设计、数据与控制指令的传输控制、飞行数据与任务载荷工作状态的监视等。数据链系统主要包括数传电台、天线、数据接口等，用于地面控制站与飞控系统以及其他机械设备之间的数据和控制指令的传输。地面保障设备主要包括无人机作业正常开展所需的设备器材等，如弹射装置、回收装置，为无人机作业提供设备保障。

具体的作业飞行活动中，无人机可根据作业项目和作业环境配备伞降设备。无人机航空无线电频率和无线电设备的使用应遵守国家及民用航空无线电管理的规定，应按照民用航空主管部门的相关规定安装或内置无人机围栏，接入无人机云系统。起飞全重250g（含）以上的无人机应按民用航空主管部门的规定进行实名登记。无人机系统的通信、导航与监视设备，应保证无人机在飞行活动过程中，无人机系统驾驶员可对无人机进行监视、控制和应急处置。应根据任务性质和工作内容，选择所需的备品备件，其规格型号、数量和性能指标应满足作业任务需求。作业过程中也可根据作业任务实际需要选配运输车辆。

（2）系统人员安全保障。

系统人员安全保障方面，对作业人员资质能力和作业内容要求做了规定，从人员安全规范入手保障无人机巡检系统的安全作业。

作业人员一般包括无人机系统驾驶员和作业辅助人员。作业人员应熟悉无人机作业方法和流程，掌握无人机作业运行维护与安全生产相关知识及通用应急操作程序，并通过相应机型的操作培训。作业人员应身体健康，精神状态良好，酒精和药物的摄入限制应符合民用航空主管部门的规定。

①无人机系统驾驶员方面：无人机系统驾驶员应具备其所驾驶无人机类型和等级要求的资质。无人机系统驾驶员应以安全的方式操作无人机，以免对他人的人身或财产安全构成威

胁。无人机系统的机长作为无人机安全操作的第一责任人,应熟悉与飞行相关的可用信息。这些信息应包括但不限于飞行区域的地理位置和地形地貌、飞行区预期飞行持续时间内的天气情况、飞行区机场和附近空域的情况、飞行性能和作业方式、紧急迫降的位置、维护与检查记录、驾驶员操作手册,以及按照驾驶员操作手册对无人机系统进行起飞前、飞行中及飞行后的检查、确定飞行区不存在对预计频率范围形成的电磁干扰和进行应急操作等。

②作业辅助人员方面:除机长以外的其他驾驶员应在机长指挥下对无人机进行监控或操纵,协助机长完全以下工作内容:避免碰撞风险、确保运行符合规则、获取飞行信息和监控飞行状态。作业辅助人员应由训练有素的人员担任,协助无人机系统驾驶员安全、有效实施飞行。

(3)系统使用安全保障。

系统使用安全保障方面:针对巡检作业前、作业起飞前、作业过程中和巡检作业完成后等不同的系统巡检时段,对相关要求和注意事项进行说明和补充,以进一步确保巡检系统作业的安全进行。

巡检作业前,应根据巡检任务和所用机型合理配置人员,轻型机需操作人员 2 ~ 3 名,小型机需操作人员 3 ~ 4 名。作业人员应确保身体健康,精神状态良好,作业前 8h 及作业过程中严禁饮用任何酒精类饮品。作业前应对全体人员进行安全技术交底,交代工作内容、方法、流程及安全要求,并确认每一名人员都已知晓。巡检作业前,作业人员应明确无人机巡检作业流程,进行现场勘查,确定作业内容和无人机起、降点位置,了解巡检线路情况、海拔高度、地形地貌、气象环境、植被分布、所需空域等,并根据巡检内容合理制订巡检计划。计划外的作业,必要时应进行现场勘查。作业执行单位应向空管部门申报巡检计划,履行空域申请手续,并严格遵守相关规定。开展紧急巡检时,应办理临时作业申请。作业人员应提前了解作业现场当天的天气情况,决定能否进行作业。起飞前,应申请放飞许可。作业人员应在作业前准备好工器具及备品备件等物资,完成无人机巡检系统检查,确保各部件工作正常。作业人员应仔细核对无人机所需油料、蓄电池电量是否充足,各零部件、工器具及保障设备是否携带齐全,填写出库单后方可前往作业现场。作业前应核实巡检线路名称和杆塔号无误,并再次确认现场天气、地形和无人机状态适宜作业。

作业起飞前,操作人员应逐项开展设备检查、系统自检、航线核查,确保无人机处于适航状态。发生环境恶化或其他威胁无人机飞行安全的情况时,应停止本次作业;若无人机已经起飞,应立即采取措施,控制无人机返航、就近降落,或采取其他安全策略,以保证无人机安全。作业区域的环境和气象条件应满足无人机系统的巡检作业技术要求和作业要求。作业区地理环境、建筑物和障碍物情况等应符合作业要求。起飞、降落点应选取面积不小于 $2m \times 2m$、地势较为平坦且无影响降落的植被覆盖的地面,如果现场起飞、降落点达不到要求,应自备一张地毯用作起飞、降落;用温湿度计测量,作业相对湿度应小于或等于 95%;用风速仪测量,现场风速应小于或等于 7.9m/s；精细巡视及查找故障点，现场风速应小于或等于 5m/s（距地面 2m，瞬时风速）；遇雷、雨天气不得进行作业；云下能见度不小于 3km。作业前应落实被巡线路沿线是否存在爆破、射击、打靶、飞行物、烟雾、火焰、无线电干扰等影响飞行安全的因素，若有，应采取停飞或避让等应对措施。

作业过程中，精细巡视及查找故障点，应保证作业点在视距内，且无遮挡。作业区域电磁环境应满足无人机通信、导航及监视系统正常工作要求。针对其他环境及突发环境变化，应制定应急预案，保证作业安全。巡检人员应将新发现的建筑和设施、鸟群聚集区、空中限制区、人员活动密集区、无线电干扰区、通信阻隔区、不利气象多发区等信息进行记录更新。针对不同的巡检任务，应满足不同作业场景下的无人机场景适用性要求，包括飞行速度、拍照间隔、飞行相对高度和横向安全距离等基本性能要求，确保不同作业场景下安全高效地完成无人机巡检工作。

巡检作业完成后，巡检数据应至少安排 1 名人员核对。数据处理主要包括备份、汇总、分析等工作。巡检作业完成后，作业人员应填写无人机巡检系统使用记录单，交由工作负责人签字确认后，方可移交至线路运行维护单位。如有疑似但无法判定的缺陷，运行维护单位应及时核实。巡检数据应妥善处理并至少保存一年。日志应具有防删除、防篡改功能，保存时间不少于一年。缺陷报表全部归档后应进行备份，并至少保留十年，以备后期的图像对比和检查监督之用。

2.3.2　系统维护与异常处置

铁路无人机巡检系统除了从设备安全、人员安全和使用安全三方面确保系统安全作业外，还需要考虑对系统内各分系统进行定期的维护与保养，以及提前制定相关的异常处置方法来应对突发状况。

（1）系统维护与保养。

系统维护与保养方面，应配备具有相应机型维护能力的人员，负责无人机系统维护工作；开展维护工作时，应在相应日志中做好无人机系统的维护记录，妥善保存。无人机系统应定置存放，并设专人管理；设备蓄电池应定期进行检查维护，确保其性能良好。无人机系统主要部件（如电机、飞控系统、数据链系统、任务载荷等）更换或升级后，应进行检测，确保满足技术要求。

定期保养方面，应定期对无人机系统进行检查、清洁、润滑、紧固，确保设备状态正常。应定期对无人机系统的零部件进行维修更换和保养。无人机系统长期不使用，应定期检查设备状态。如有异常现象，应及时调试或维修。应根据设备生产厂商维护保养相关规定，结合当地的地理、气候特点及设备的使用情况,制订定期保养计划。

(2)系统异常处置。

应制定应急处置预案,开展现场演练。应急预案的主要内容包括但不限于以下内容:无人机出现故障后的人工应急干预办法,安全迫降的地点和迫降方式;根据地形地貌,制定事故发生后无人机的搜寻方案,并配备相应的便携式地面导航设备、交通工具以及通信设备;与地方政府沟通,调动行政区域内的社会力量参与应急救援;开展事故调查与处理工作,填写事故调查表。

无人机巡检系统方面,无人机系统应开发安全模式切换功能,当无人机导航系统被干扰时,无人机自动切换至定高模式,确保无人机可控。无人机系统应开发无人机低电压保护技术,当电压低于设定的报警阈值时,建议无人机返航,严重低电压情况下将自主返航。当检测到遥控器或数传电台数据链路断开,无人机系统启用数据链路断开安全保护机制,让无人机继续安全执行任务或者返航。无人机系统结合地理位置信息与飞控技术,开发电子围栏功能,避免无人机自行或因操作者失误操作导致无人机进入铁路等敏感区域,确保无人机在规定的安全区域内飞行作业。

作业飞行过程中,发生危及飞行安全的异常情况时,应根据具体情况及时采取返航或就近迫降等应急措施。作业现场出现雷雨、大风等突变天气或空域许可情况发生变化时,应及时评估作业安全性,在确保安全后方可继续执行作业飞行,否则应采取措施控制无人机避让、返航或就近降落。若作业人员出现身体不适等情况,应及时操控无人机安全降落并使用替补作业人员;若无替补作业人员,应终止本次作业。作业飞行过程中,若无人机出现状态不稳、航线偏移大、通信链路不畅等故障,应及时采取措施使无人机恢复正常状态或控制无人机降落。若通信链路长时间中断,且在预计时间内仍未返航,应根据无人机系统最终地理坐标信息或机载追踪器发送的报文等信息进行寻找。若任务载荷设备出现故障无法恢复,且影响飞行作业,应立即中止本次作业,操控无人机返航。若无人机出现失去动力等机械故障,应控制无人机在安全区域内紧急降落。

无人机发生事故后,应采取有效措施防止无人机系统故障或事故后引发火灾等次生灾害。应立即启动应急预案,对现场情况进行拍照取证,组织事故抢险,做好舆情监控和民事协调,并将现场情况报告相关部门。应根据故障性质、飞行条件和可供处置的时间,允许机长视情况偏离规定的运行程序与方法、天气最低标准和规章规定,但应以符合该紧急情况处置需要为原则。机长拥有采取应急程序、保障飞行安全的最终决定权。其他作业人员应听从机长的指挥,协助机长开展工作。机长也应视当时情况尽可能听取无人机系统作业辅助人员的意见,采取最安全的措施。

(3)系统维护其他要求。

作业人员在现场应根据无人机重量和飞行高度确定安全距离范围,注意疏散周围人群,做好安全隔离措施,必要时终止作业。作业现场应做好灭火、防爆等安全防护措施,严禁吸烟和出现明火。带至现场的油料应单独存放。作业现场不应使用可能对无人机系统造成干扰的电子设备。作业现场不应进行与作业无关的活动。

作业人员应携带无人机系统的操作手册、简单故障排查和维修手册。作业人员应遵守相关技术规程要求,按照所用机型要求进行正确操作。作业人员之间应确保联络畅通,遵守有关规定,不应违规操作。作业人员应正确使用安全工器具和劳动防护用品。作业人员应始终与无人机保持足够的安全距离,避开起降航线,不应站在无人机起飞和降落的前方及无人机作业航线的正下方。油动无人机的加油和放油操作不应在雷电天气下进行,操作人员应佩戴防静电手套。

3

铁路基础设施无人机
巡检图像激光数据
智能分析方法

3.1 无人机图像去雾增强方法

无人机在多雾、大雾地区的飞行过程中,搭载高清摄像头巡检所拍摄的图像质量会大幅降低,直接导致智能分析算法对铁路基础设施缺陷的识别率或者检测率也大大降低。而图像去雾方法能去除图像中的雾,生成一张清晰图片,有效地解决这个问题。因此,图像去雾方法不仅扮演了图像预处理增强的角色,而且对利用无人机巡检以发现铁路潜在危险而言,也是十分必要的。

无人机铁路图像具有以下特点:不同样本中的全局大气光多变;向下拍摄的轨道图像深度信息稀少;无人机铁路雾图像样本稀少。

基于深度已知和基于多图的方法,难以获得图像深度信息,无法解决无人机图像的去雾问题。基于先验的方法也因为计算量大无法应用于实际。近年来,随着人工智能技术的普及和硬件计算能力的发展,深度学习方法在图像恢复任务中获得了巨大成功。然而,一些深度学习方法在图像去雾中,首先预测全局大气光和传输矩阵,然后根据大气离散模型来恢复无雾图像,这种方法会造成误差的累加。为了解决以上问题,本书根据大气离散模型对全局大气光和传输矩阵重新建模,基于级联和残差网络结构提出了一个端到端的多尺度金字塔式级联残差去雾网络,并且从网络结构、损失函数、实验结果对比分析等几个方面对图像去雾方法进行研究。

3.1.1 残差、级联深度学习理论

(1)残差网络(ResNet)。

残差网络(Residual Network,ResNet)用于处理图像识别问题。实验中发现,当增加网络的层数时,训练中损失下降缓慢,然后趋于平稳,当继续增加网络深度时,损失值会增大,网络的性能产生了退化。由于在低层网络上训练的模型效果要比高层更好,如果把浅层的特征信息传递给深层,识别准确率会大大增加。如图3-1a)所示,假设第 $l+1$ 层的残差卷积子模块的映射为:

$$x_{l+1} = x_l + H(x_l, w_l) \tag{3-1}$$

式中,x_l 表示第 l 层输入;$w_l = \{w_l \mid 1 \leqslant l \leqslant K\}$ 表示第 l 层权重,K 代表一个残差块中的网络层数;$H(\ )$ 表示式(3-1)中的右侧分支结构的计算,l 层的输入 x_l 与 l 层的权重 w_l 在通过右侧分支结构的计算后将与 x_l 自身相加作为 l 层的输出 x_{l+1},同时也是第 $l+1$ 层的输入。因此,对于

包含多个残差块的网络,输出可以被定义为:

$$x_{l+n} = x_l + H(x_l, w_l) + H(x_{l+1}, w_{l+1}) + \cdots + H(x_{l+n-1}, w_{l+n-1}) \qquad (3\text{-}2)$$

最终可以得到:

$$x_L = x_1 + \sum_{i=1}^{L-1} H(x_i, w_i) \qquad (3\text{-}3)$$

从上式可以看出,第 L 层的特征 x_L 可以分成两个部分,即一个浅层网络加上一个残差映射函数,这表明模型在任意单元内都是一个残差形式。同时,该式显示出非常好的反向传播特性,这种结构可处理梯度消失的问题,而且使特征信息在低层和高层之间直接流动。

(2)级联网络(DenseNet)。

级联网络(Densely Connected Convolutional Networks,DenseNet)如图 3-1b)所示。x_0 作为输入,$L = 4$ 为网络的层数。每一层的运算由一个非线性转换 $H(\cdot)$ 表示,H_l 可以看成由归一化(BN)、非线性激活函数(ReLU)、池化、卷积操作定义的复合函数。

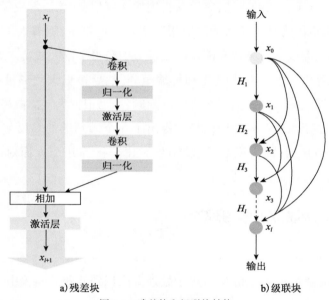

a)残差块　　　　　　　b)级联块

图 3-1　残差块和级联块结构

ResNet 增加一条支路,可表示为:$x_l = x_{l-1} + H(x_{l-1})$,这种结构能保证梯度在低层和高层之间直接流动,而且以恒等映射的方式传播。但是,利用相加的方式将网络的输出与恒等映射 H_l 结合在一起,这可能会造成一定的信息丢失。因此 DenseNet 被提出来,可用以下公式表示:

$$x_l = H_l([x_0, x_1, \cdots, x_{l-1}]) \qquad (3\text{-}4)$$

式中,$[x_0, x_1, \cdots, x_{l-1}]$ 表示将第 $0, 1, \cdots, l-1$ 层的特征映射拼接在一起。

这种网络结构的优势是,使来自损失函数的梯度和原始的输入特征可以被输入到网络每一层中,这提高了整个网络的信息和梯度流动,弥补了 ResNet 信息流动的不足。同时,由于

DenseNet 每一层的通道数大大缩减了,这使网络更"窄",参数量更少。

3.1.2 图像去雾转换模型

摄像机捕捉到的大气散射光,可以通过建模的方法应用于生成模糊的图像,如下式所示:

$$I(x) = J(x)t(x) + \alpha(1 - t(x)) \tag{3-5}$$

式中,$I(x)$ 是来自相机的雾图像;$J(x)$ 代表真实的场景图片(无雾图像);$t(x)$ 表示传输映射矩阵;α 是全局大气散射光。传输映射可以定义为:

$$t(x) = e^{-\beta d(x)} \tag{3-6}$$

式中,β 代表大气散射系数;$d(x)$ 代表目标到相机的距离。根据上述等式,可以得到图像去雾公式为:

$$J(x) = \frac{I(x)}{t(x)} - \frac{\alpha}{t(x)} + \alpha \tag{3-7}$$

一些端对端去雾方法的效果不理想,一个可能的原因是没有考虑直接在 $J(x)$ 上最小化真实值和预测值差异,而是分别优化了 $t(x)$ 和 α 的参数,这导致了误差的放大和累加。因此,可通过 $K(x)$ 建模 $t(x)$ 和 α,图像清晰化公式 $J(x)$ 被表示为:

$$J(x) = K(x)I(x) - k(x) + B, K(x) = \frac{\frac{1}{t(x)}[I(x) - \alpha] + (\alpha - B)}{I(x) - 1} \tag{3-8}$$

式中,$K(x)$ 是通过变量 $\frac{1}{t(x)}$ 和 α 整合的新变量;B 代表默认为 1 的常数。通过以上叙述,一个更加端到端的深度学习去雾模型可以通过直接最小化去雾预测结果 $J(x)$ 和其相应的真实值之间的差异而建立出来。

3.1.3 图像去雾网络结构设计

3.1.3.1 多尺度金字塔式级联残差融合设计的去雾网络结构

金字塔式级联残差网络(Densely Pyramid Residual Network,DPRNet)以残差网络(ResNet)和级联网络(DenseNet)为基本结构单元。级联网络结构可提取图像不同层的特征信息,但是这种结构仍然对不同种类多尺度目标的"全局"结构信息提取不足。一个可能的解释是,来自不同尺度的特征没有直接被用在网络结构中。为了有效地解决这个问题,DPRNet 采用了多尺度金字塔(1/2 和 1/4)池化结构,如图 3-2 所示。这种结构保证了来自不同尺度的特征被嵌入到最后的输出中。一些有效的去雾方法使用大卷积核提取更多全局结构信息,但是这种大卷积核的方法产生了大量的网络参数。本书提出的网络仅使用了二级池化操作,通过建立一个轻型的金字塔式结构去抓取更多的结构信息。

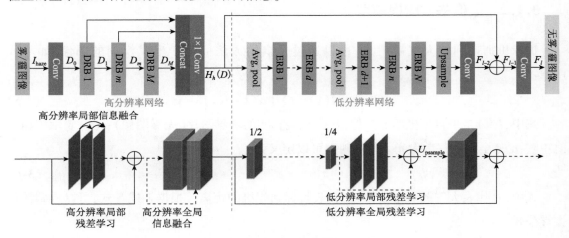

图3-2　金字塔式级联残差网络的网络结构

DPRNet 由一个不包括池化层的高分辨率网络和一个包含两个池化层的低分辨率网络组成。如图3-2所示,设一张输入图片为I_{haze},该网络包含了h层,并且每个层最后都执行一个非线性转换 $H_h(\cdot)$,其中:h 代表第一层的索引;$H_h(\cdot)$ 代表一系列复合操作,比如卷积(Conv)、归一化(BN)或者非线性激活函数(ReLU);D_1 是 DRB1 的输出。因此,根据原始的级联网络,$H_h(D_m)$ 可被表示为:

$$H_h(D_m) = H_h([D_1, D_2, \cdots, D_m])\qquad(3\text{-}9)$$

式中,$[D_1, D_2, \cdots, D_m]$ 表示分别由 DRB1,DRB2,$\cdots$,DRBM 产生的特征拼接集合。这里的 $H_h(\cdot)$ 是第 h 层的 1×1 的卷积操作,用于控制输出通道数。

DPRNet 结构中的全局残差学习中,F_{l-1} 被定义为:

$$F_{l-1} = F_{l-2} + H_h(D)\qquad(3\text{-}10)$$

式中,F_{l-1} 是低分辨率子网络中的第 $l-1$ 层输出,高分辨率子网络中的输出 $H_h(D)$ 作为低分辨率网络的输入。

ResNet 可以使网络构建得更深,同时减轻网络的训练负担,解决因为深度增加产生的降级问题。然而,由于网络中后一层和前一层之间的直接梯度流动,结构信息可能会受到阻碍。因此,为提高信息流和在连接层之间保持更多的结构信息,在网络中引进了 DenseNet 的结构,使用 ResNet 和 DenseNet 作为 DPRNet 的基本结构单元。

3.1.3.2　级联残差模块及其改进方法

级联去雾模型网络使用的级联块结构如图3-3a)所示。深度残差去雾模型网络以残差块为基准,如图3-3b)所示,这两种模型都获得了显著的图像去雾效果。因此,根据上面提到的残差网络和级联网络的互补性和优点,将级联残差模块(Dense Residual Block,DRB)引进到 DPRNet 中。作为基本结构单元的 DRB 继承了 ResNet 和 DenseNet 的优点,可获取更多的图像结构和细节信息。

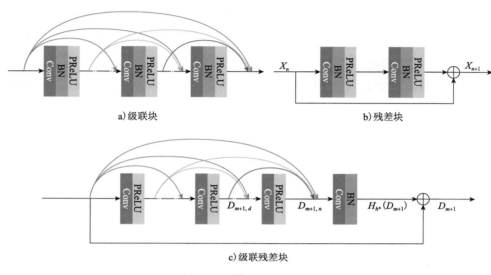

a)级联块　　　　　　　　　　　　　　b)残差块

c)级联残差块

图　3-3

(1)高分辨率局部信息融合。

如图 3-3 所示,高分辨率局部信息融合是特征级联操作。在第 $m+1$ 个 DRB_{m+1} 的加和之前,最后输出层 $H_{h*}(D_{m+1})$ 被表示为:

$$H_{h*}(D_{m+1}) = H_{h*}([D_m, D_{m+1,0}, \cdots, D_{m+1,n}]) \tag{3-11}$$

式中,$[D_m, D_{m+1,0}, \cdots, D_{m+1,n}]$ 是 DRB_m 的最后的输出和在 DRB_{m+1} 中产生的特征级联集合。$H_{h*}(*)$ 表示在第 h^* 层的 1×1 卷积操作。

(2)高分辨率局部残差学习。

高分辨率局部残差学习由残差操作实现,第 $m+1$ 个 DRB_{m+1} 可以被定义为:

$$D_{m+1} = D_m + H_{h*}(D_{m+1}) \tag{3-12}$$

式中,D_m 是第 m 个 DRB 的最后的输出。

与用于去雾模型的 Dense 块和 ResNet 块相比较,提出的 DRB 移除了归一化 BN 层和最后的卷积层,大大减少了网络参数,并且可保留图像更多结构信息。

图像超分辨率残差网络通过使用 ResNet 结构可解决网络训练时间和内存过大的问题。然而,ResNet 是用于解决高层次的视觉问题,比如图像分类和图像检测,因此,直接应用 ResNet 结构去处理低层次视觉问题得不到预期效果。

提出的加强残差块(Enhanced Residual Block,ERB)、原始残差块(ResNet)和 ResNet-E,如图 3-4a)所示。原始的 ResNet 块有 2 个 Conv 层、2 个 BN 层、2 个 ReLU 层。图 3-4b)中是一个

改进版的残差块 ResNet-E,它也包含了 2 个 Conv 层、2 个 BN 层和 2 个 PReLU 层,提出的 DPRNet 去雾网络移除了 BN 层和 1 个 PReLU 层,具体原因简述如下:

①许多证据表明了网络深度是十分重要的,许多视觉任务也因为这些深度模型而受益,然而,一些复杂操作的加入,比如 BN、Conv 和 ReLU 可能会使网络复杂且很难收敛。值得注意的是,提出的 ERB 使用 ×0.1 代替 BN 层,如图 3-4c)所示,这使 ERB 节省了大约 40% 的存储资源。

②原始图像信息可能会因为 BN 层的使用而丢失,因为 BN 层归一化了这些原始特征信息。而且由于 BN 层归一化了这些原始特征信息,这也可能使网络丢失一些灵活性或泛化性。

③对于 BN 层而言,图形处理器(GPU)存储使用不足,因为它们消耗的内存量与 Conv 层相当。因此,在有限的内存资源下,基于 ERB,低分辨率局部残差学习可以实现更深的网络结构,从而获得更好的性能。

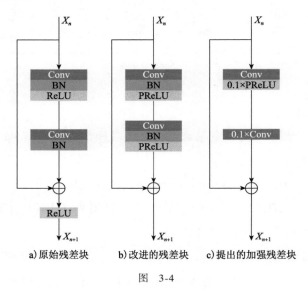

图 3-4

3.1.4 基于结构相似度索引的损失函数设计

对于图像超分辨率和图像去雾问题而言,均方误差(Mean Squared Error,MSE)是被广泛使用在深度学习模型中的损失函数。尽管均方误差计算很简单,并且对上下文信息的优化很方便,但它不能很好地匹配视觉上的感知。例如,在两张拥有相同均方误差的有雾图像中,可能有不同类型的错误,这些错误中可能有一些是肉眼可见的,另一些却不是。为了解决这个问题,在网络训练中引进结构相似性指标(Structural Similarity Index Measure,SSIM)损失函数。提出的结构相似性指标损失函数 L-SSIM 可在图像矩阵的滑动窗口中计算,定义为:

$$\mathrm{L\_SSIM} = \frac{1}{N} \sum_{i=1}^{N} \left(1 - \frac{2\mu_{X_i}\mu_{Y_i} + C_1}{\mu_{X_i}^2 + \mu_{Y_i}^2 + C_2} \times \frac{2\sigma_{X_iY_i} + C_2}{\sigma_{X_i}^2 + \sigma_{Y_i}^2 + C_2} \right) \tag{3-13}$$

式中，μ_{X_i} 是预测的无雾图像矩阵中区域为 11×11 子区域的平均值；μ_{Y_i} 是相应的真实值中区域为 11×11 子区域的平均值；$\sigma_{X_i}^2$ 和 $\sigma_{Y_i}^2$ 分别是 X_i 和 Y_i 的标准差；$\sigma_{X_iY_i}$ 是 X_i 和 Y_i 的协方差矩阵；N 代表每批次图像数量；C_1 和 C_2 分别被设置为 0.0001 和 0.0009。根据实验，提出的网络在训练中对这两个参数并不敏感。

结构相似性指标比均方误差和平均绝对偏差（Mean Absolute Deviation，MAD）更适用于感知的（感官上的）图像质量评价。一个重要的原因是，对图像结构信息改变的测量可以很好地感知图像失真（雾）。并且结构相似性指标是依据人类视觉感知程度与从场景中分辨结构信息的能力高度匹配的假设而提出的，这可作为比较或评价参照图像和畸变图像结构的直接方法。

结构相似性指标更适合于直接比较参照图像和畸变图像的结构。如上所述，采用结构相似性指标作为损失函数，将预测的无雾图像 $t_i(x)$ 与相应的真实值 $T_i(x)$ 之间的均方误差损失函数最小化，如下所示：

$$\mathrm{L\_MSE}[t_i(x), T_i(x)] = \frac{1}{N} \sum_{i-1}^{N} \| t_i(x) - T_i(x) \|^2 \tag{3-14}$$

式中，N 代表每批次图像的数量。因此，最终的损失函数如下：

$$\mathrm{Loss} = a \times \mathrm{L\_SSIM} + b \times \mathrm{L\_MSE} \tag{3-15}$$

式中，a 和 b 是相应的权重系数。

设两张 $m \times n$ 的单色图片 I 和 K，它们的均方误差 MSE 被定义为：

$$\mathrm{MSE} = \frac{1}{mn} \sum_{i=0}^{m-1} \sum_{j=0}^{n-1} [I(i,j) - K(i,j)]^2 \tag{3-16}$$

$$\mathrm{PSNR} = 10 \times \lg \left(\frac{\mathrm{MAX}_I^2}{\mathrm{MSE}} \right) \tag{3-17}$$

式中，$I(i,j)$ 表示像素灰度值，PSNR（Peak Signal to Noise Ratio）代表峰值信噪比，MAX_I 是图像中最大灰度值。从等式中可以看出，MSE 与峰值信噪比成反比，MSE 越小，PSNR 越大，因此在训练网络中采用均方误差作为损失函数，可以直接提高去模糊（雾）图像与真实图像的峰值信噪比。这也是在一些图像恢复任务中选择 MSE 作为损失函数的主要原因之一。同样，为了恢复模糊图像的结构相似性，直接提高去模糊图像与真实图像的结构相似性指标，在模型中引入了结构相似性指标损失函数。

总之，考虑到这两个评估标准：均方误差和峰值信噪比，可以认为在提出的损失函数中 L_SSIM 和 L_MSE 对图像恢复来说有相同的贡献。因此，设置 a 和 b 均为 1，以达到权重平均分布的目的，损失函数如下所示：

$$Loss = L\_SSIM + L\_MSE \tag{3-18}$$

3.1.5 现场有雾图像去雾结果分析

本书还对来自真实世界数据集的一些有雾图像使用了一些经典方法进行去雾处理,如图 3-5 所示。在图 3-5 第 B、F 列中,颜色衰减先验和条件生成式对抗网络的去雾结果仍然保留许多雾。如第 C、D 列所示,暗通道先验和非局部先验的去雾结果遭受了颜色畸变。在第 E 列中,级联金字塔去雾网络的去雾结果有极高的亮度。如第 G 列所示,一体化去雾网络的去雾结果保留了很多雾,并且亮度很低。在第 H 列中,可以看到多尺度金字塔式级联残差网络生成的结果相比其他算法清晰得多,有最少的雾存在,而且颜色畸变相对少,保留了更多图像的原始信息。在此基础上,图 3-6 还展现了来自不同方法的去雾结果图片细节。

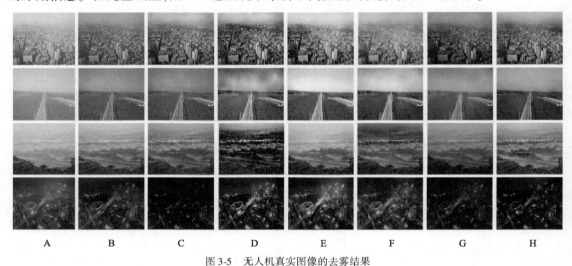

A   B   C   D   E   F   G   H

图 3-5 无人机真实图像的去雾结果

A-有雾图像;B-颜色衰减先验;C-暗通道先验;D-非局部先验;E-级联金字塔去雾网络;F-条件生成式对抗网络;G-一体化去雾网络;H-多尺度金字塔式级联残差网络

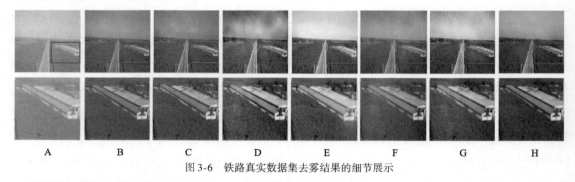

A   B   C   D   E   F   G   H

图 3-6 铁路真实数据集去雾结果的细节展示

A-有雾图像;B-颜色衰减先验;C-暗通道先验;D-非局部先验;E-级联金字塔去雾网络;F-条件生成式对抗网络;G-一体化去雾网络;H-多尺度金字塔式级联残差网络

图 3-6 的第 2 行是图像去雾结果的细节展现。可以看出,来自其他先进方法的去雾图像会产生颜色失真,残留更多的雾或生成一些人工伪影。例如,非局部先验和级联金字塔去雾网络能有效移除雾,但是却生成了一些人工伪影和颜色畸变。如图 3-6 中第 H 列所示,多尺度金字塔式级联残差网络生成的去雾图像保留了更少的雾和更完整的结构信息,在真实世界数据集上相对于其他经典方法表现更好。因此,基于端到端的训练网络,且不产生传输映射和大气光的多尺度金字塔式级联残差网络,去雾效果更好。

3.2 铁路线路扣件典型缺陷图像检测方法

3.2.1 无人机扣件图像阴影去除方法

无人机为了辅助高速铁路的基础设施检测和环境变化监测,所拍摄的图像经常受到阴影的影响,导致检测精度不高、检测效率低下。大多数现有的阴影去除方法主要是在有成对的阴影和非阴影图像组成的数据集上训练卷积神经网络(CNN 网络),这不适用于没有成对图像的铁路线路扣件数据集。因此,本书提出了一种无配对数据的紧固件阴影去除算法,来提高对铁路线路扣件典型缺陷的准确度。

3.2.1.1 Rail-Shadow GAN 去阴影网络结构

(1)网络结构。

如图 3-7 所示,对抗生成网络(Rail-Shadow GAN)包括两个生成器和两个鉴别器。生成器用于进行两个数据区域的特征转换。在去除阴影的任务中,无阴影图像由阴影图像生成,相应的阴影图像由无阴影图像生成。鉴别器的任务是找到这些由生成器生成的假图像,并将真实的图像数据与生成的图像数据区分开。生成器需要进一步学习完善阴影特征,以达到避开鉴别器检测的效果。随着模型训练的发展,生成器和鉴别器构成一个动态的博弈过程。博弈的最终结果是,生成器可以生成足够多的图片来"辨别真假"。对于鉴别器来说,很难判断生成器生成的图片是否真实,所以 $D(G(I)) = 0.5$。得到一个生成模型 G_{free},它可以用来消除无人机的铁路扣件数据的阴影。

Rail-Shadow GAN 网络主要从两部分训练:阴影数据 $\{I_{\text{shadow}}\}$ 和无阴影数据 $\{I_{\text{free}}\}$。在从阴影数据中学习的地方,真实的阴影数据 I_{shadow} 被生成器 G_{free} 作为输入,以生成去除阴影的数据 $I_{\text{free}}^{\sim}$。鉴别器 D_{free} 则需要确定 $I_{\text{free}}^{\sim}$ 是否是真正的无阴影数据,如图 3-7a) 所示。

$$I_{\text{free}}^{\sim} = G_{\text{free}}(I_{\text{shadow}}) \tag{3-19a}$$

$$D_{\text{free}}\left(I_{\text{free}}^{\sim}\right) \in \left\{I_{\text{free}}\right\} \text{ or } \left\{I_{\text{free}}^{\sim}\right\} \tag{3-19b}$$

同时,在图 3-7b)中,为了避免 GAN 网络的共模崩溃问题,引入了从无阴影数据学习的部分。与阴影数据部分一样,真实的无阴影数据 I_{free} 被用来作为输入,通过生成器 G_{shadow} 生成阴影数据 $I_{\text{shadow}}^{\sim}$。鉴别器 D_{shadow} 需要确定 $I_{\text{shadow}}^{\sim}$ 是否是真实的有阴影数据。

$$I_{\text{shadow}}^{\sim} = G_{\text{shadow}}\left(I_{\text{free}}\right) \tag{3-20a}$$

$$D_{\text{shadow}}\left(I_{\text{shadow}}^{\sim}\right) \in \left\{I_{\text{shadow}}\right\} \text{ or } \left\{I_{\text{shadow}}^{\sim}\right\} \tag{3-20b}$$

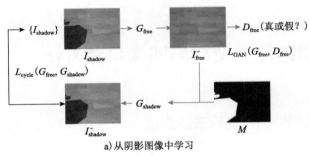

a) 从阴影图像中学习

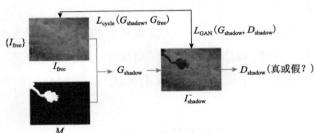

b) 从无阴影图像中学习

图 3-7　Rail-Shadow GAN 网络

此外,无阴影数据的学习部分还需要增加阴影生成机制。因为无阴影数据可能对应多个阴影数据,阴影内容在无阴影数据上的生成有多种方式,所以需要在 G_{shadow} 中增加阴影生成部分,明确输出。遮罩部分可以根据样式的不同,迁移去除未配对的阴影数据和无阴影数据,从而保证每幅图像对应一个去除阴影和生成阴影的结果。

$$M = \text{IB}\left(I_{\text{shadow}} - I_{\text{free}}^{\sim}, t\right) \tag{3-21}$$

式中,IB 是图像的二值化操作;t 是二值化的阈值选择。计算 I_{shadow} 和 $I_{\text{free}}^{\sim}$ 之间的差值,t 的值由 OTSU 算法计算。

生成器的具体网络结构包括 3 次卷积运算、9 个密集块,然后是步长为 2 的卷积运算和 2 次对特征图进行上采样的解卷积运算。对于鉴别器,70×70 Patch GAN 被用于网络中,以确定 70×70 重叠图像的真假。

(2)密集块和实例归一化。

在发生器的结构中,使用 DenseNet 作为网络结构的主干。与 ResNet 一样,DenseNet 也使用快捷连接,但它在所有的前层和后层之间进行密集连接,并使用通道串联来实现特征重用。原始的 Mask-Shadow GAN 网络生成器使用 9 层的残差块来转换特征向量。

$$f_i = H_1(f_{i-1}) + f_{i-1} \tag{3-22}$$

式中,H_1 是各层残差块的非线性变换函数;f_{i-1} 和 f_i 分别是第 i 层的输入特性和变换特性。残差块的每一层中还包括批量归一化层、卷积层和 ReLU 层。残差块的结构如图 3-8a)所示。

改进后的发生器结构用 DenseNet 取代了传统的 ResNet。与 ResNet 相比,DenseNet 可以进一步缓解梯度消失,增强在不同特征图之间转移特征的能力,并在一定程度上减少特征图中的参数数量。此外,互连模块的转换提高了模块间的信息流耦合。

$$f_i = H_2([f_0, f_1, \cdots, f_{i-1}]) \tag{3-23}$$

式中,H_2 是密集块各层的非线性变换函数;$f_0, f_1, \cdots, f_{i-1}$ 分别是将第 0 层到第 $i-1$ 层的特征图作为输入。此外,密集块是通道的组合,而残差块是数值的相加,所以通道的数量没有变化。从图 3-8b)中可以看到,每一层的密集块还包括批量归一化层、卷积层和 ReLU 层。

基于图 3-8c)中的密集块,使用 IN(实例归一化)作为归一化层。在 BN(批量归一化)的计算中,每个通道的 NHW(数量、高度和宽度)被单独拿出来进行归一化处理。批量越小,BN 的性能就越差,因为计算过程中得到的均值和方差不能代表整个世界。然而,在 GAN 网络的无监督学习中,更多的是使用小批量的训练。IN 的计算是将每个 HW 单独拿出来进行归一化处理,不受通道和批量大小的影响。因此,实例归一化更适用于风格化迁移。

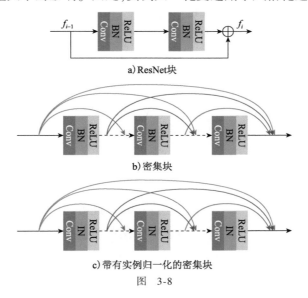

a) ResNet块

b) 密集块

c) 带有实例归一化的密集块

图 3-8

(3)损失函数。

网络的损失函数主要分为三部分,将对抗性损失应用于阴影去除和阴影生成结构;此外,加入循环一致性损失,使得生成器生成的图像仍保留原始图像的信息;最后,身份验证损失确保转换后的图像与原始图像之间的一致性。

$$
\begin{aligned}
L_{\text{final}}(G_{\text{free}}, D_{\text{free}}, G_{\text{shadow}}, D_{\text{shadow}}) = & w_1(L_{\text{GAN}}(G_{\text{free}}, D_{\text{free}}) + L_{\text{GAN}}(G_{\text{shadow}}, D_{\text{shadow}})) + \\
& w_2(L_{\text{cycle}}(G_{\text{free}}, G_{\text{shadow}}) + L_{\text{cycle}}(G_{\text{shadow}}, G_{\text{free}})) + \\
& w_3(L_{\text{identity}}(G_{\text{free}}) + L_{\text{identity}}(G_{\text{shadow}}))
\end{aligned} \tag{3-24}
$$

式中,w_1、w_2、w_3 代表三部分损失函数的权重。

3.2.1.2 现场扣件图像去阴影结果分析

(1)数据集和训练细节。

Rail-Shadow GAN 对未配对的数据进行阴影特征学习和阴影去除。虽然数据集不需要一一对应,但仍然需要有阴影数据和无阴影数据,并在自己的数据中保持特征一致。之前收集的无人机扣件数据只有阴影数据,所以把公共的阴影数据集加在一起作为训练数据。同时,根据经验将扣件数据集与公共阴影数据集的比例控制在 1∶9,以保证模型能够学到正确的阴影特征。最后,成对的阴影和相应的无阴影数据用于模型训练。测试数据包括公共阴影数据集、阴影扣件数据。同时,在无人机在阴天拍摄的无阴影扣件数据的基础上,人为地加入阴影干扰,从而量化模型对扣件数据的去影效果。

使用随机噪声来初始化所有生成器和鉴别器的参数,以满足零均值的高斯分布。网络由 Adam 优化,第一动量值设置为 0.5,第二动量值设置为 0.999。共训练了 200 个 epochs,学习率为 0.0002。在前 100 个历时中保持相同的学习率,在接下来的 100 个历时中线性衰减到零,然后完成训练。

(2)与其他方法比较。

在一般阴影数据集(测试 A)、有人工阴影干扰的铁路无人机扣件数据集(测试 B)和有阴影的铁路无人机扣件数据集(测试 C)上,与其他最新和经典的算法在视觉和定量评价指标上进行了阴影去除效果的比较,如:Cycle GAN、原始算法 Mask-Shadow GAN、图像增强算法 SSR (Single Scale Retinex)和 MSR(Multi Scale Retinex)。

值得注意的是,这些方法可以定性和定量地评估测试 A 和测试 B 的性能,因为去除阴影的图像可以与原始数据中去除阴影的图像进行比较。此外,还定量评估了 Rail-Shadow GAN 模型算法对测试数据的影响,并与其他几种模型算法进行比较。对于这个实验,可以得到以下观察结果:①Rail-Shadow GAN 可以更好地去除一般数据集中存在的阴影,最大限度地减少图像失真,恢复阴影区域下的内容;②Rail-Shadow GAN 可以更好地去除无人机铁路扣件数据集中存在的阴影。与其他模型算法相比,它能在更好地保留扣件原始特征的基础上,最大限度地去除阴影干扰。

对测试 A(一般阴影数据集)的评价:从图 3-9 可以看出,所有的方法对普通数据集的阴影去除都有一定的效果,但对于不同的场景,各自的阴影去除效果不尽相同。对于图像中存在单一背景和阴影的场景,如 C 列、D 列、E 列,基于深度学习生成式对抗网络的 Rail-Shadow GAN、Mask-Shadow GAN 和 Cycle GAN 都能达到良好的阴影去除效果,没有明显的视觉差异。对于 F 列和 G 列,Interactive Shadow Removal 和 Paired Regions Shadow Removal 的算法是基于图像预设的。在去影效果稍差的情况下,去影部分的轮廓还是比较清晰的。对于 H 列和 I 列,基于图像增强的 Retinex 算法(包括 Single Scale Retinex 和 Multi Scale Retinex)不具备学习阴影特征的能力,所以阴影去除效果较差,整体图像颜色失真多。

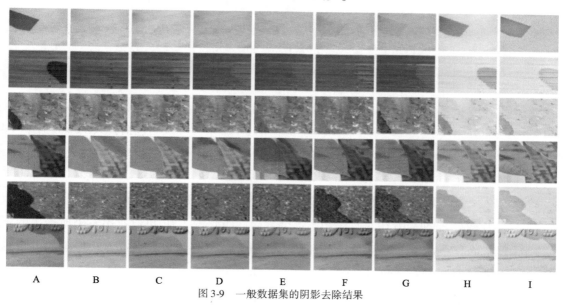

图 3-9 一般数据集的阴影去除结果

A-阴影图像;B-无阴影图像;C-Rail-Shadow GAN;D-Mask-Shadow GAN;E-Cycle GAN;F-Interactive Shadow Removal;G-Paired Regions Shadow Removal;H-Single Scale Retinex;I-Multi Scale Retinex

对于背景复杂且阴影部分细节较多的图像,基于深度学习的生成式对抗网络 Mask-Shadow GAN 和 Cycle GAN 优势比较明显,可以更好地区分阴影部分的前景和背景,尽可能地减少阴影部分的背景细节,减少图像的失真。但是,基于图像先验和图像增强的算法不能很好地区分和消除阴影部分,会受到暗部和色差的影响。阴影部分不能被很好地消除,原始图像的颜色也不能被很好地恢复。

对测试 B(人工阴影无人机紧固件数据集)的评价:从图 3-10 中 I、II、III 行可以看出,对于无人机在阴天环境下拍摄的扣件数据,由于不存在阴影干扰问题,便于做配对数据集来量化比较各模型算法的阴影去除效果。从图中可以看出,每种模型算法都能在一定程度上去除阴影,但往往会导致阴影去除不均匀,图像细节丢失,颜色特征失真。例如,在 E 列、F 列、G 列中,Cycle GAN、Interactive Shadow Removal 和 Paired Regions Shadow Removal 的结果仍有阴影。在 H 列和 I 列中,Single Scale Retinex 和 Multi Scale Retinex 的结果显示了高度失真的色彩信息。

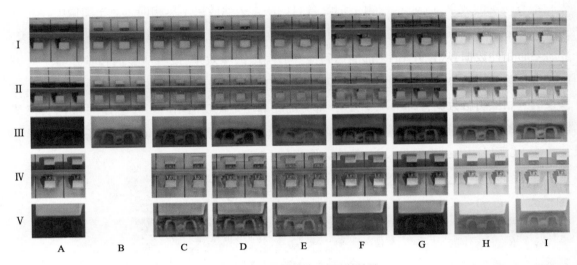

图 3-10　扣件数据集的阴影去除结果

A-阴影图像；B-无阴影图像；C-Rail-Shadow GAN；D-Mask-Shadow GAN；E-Cycle GAN；F-Interactive Shadow Removal；G-Paired Regions Shadow Removal；H-Single Scale Retinex；I-Multi Scale Retinex

从整体效果来看，由于更多的细节和更复杂的场景，该算法的阴影去除效果要比一般阴影场景的效果差一些。但从 C 列和 D 列可以看出，本书所提出的算法和 Mask-Shadow GAN 的去除效果还是比较好。图 3-10 中Ⅲ行是阴影部分紧固件的放大细节，可以看出本书所提出的算法与 Mask-Shadow GAN 相比在图像细节和色彩还原上有更好的效果。本方法得到的去阴影图像更加清晰，原始图像的细节和色彩得到了更多的还原。

对测试 C（阴影无人机紧固件数据集）的评价：通过Ⅳ、Ⅴ行数据发现，由于没有匹配的无阴影数据，所以 B 列数据缺失。可以看到，在人工阴影干扰下，阴影去除效果与人工扣件数据集（测试 B）相似，但整体去除效果较差。从 A 列的对比中可以看出，真实无人机扣件数据的阴影比人工添加的阴影更浅，难以与背景区分。而且真实阴影扣件数据的整体画面色调会比较暖，对阴影去除的干扰也进一步加大。与其他算法相比，使用 Rail-Shadow GAN 方法得到的图像去除阴影效果更好，能最大限度地恢复原始图像的细节，减少图像的色彩失真。与测试 B 类似，线条数据Ⅴ是真实阴影数据部分的紧固件的放大细节。

对测试 A 和测试 B 的定量评价：对两组成对的数据进行定量比较，通过均方根误差（RMSE）和结构相似度（SSIM）的评价指标计算出算法生成的阴影去除数据与原始无阴影数据之间的差异，以证明所提方法的性能。如图 3-11 和图 3-12 所示，Rail-Shadow GAN 的 RMSE 和结构相似度（SSIM）都高于其他经典方法，这进一步说明了该方法的优越性。

对于测试 C 的数据，由于没有成对的扣件数据，无法通过评价标准进行定量比较。因此，选择图像直方图数据来定性地、直观地展示所提出模型算法 Rail-Shadow GAN 的阴影去除效果。如图 3-13 所示,a)部分是有人工阴影干扰的紧固件数据的直方图数据。可以看出,Rail-Shadow GAN 算法可以消除低亮度部分而不影响高亮度部分的分布。而 b)部分是真实的未匹配的阴影扣件数据,从直方图中可以看到,虽然低亮度部分被很好地去除,但高亮度部分的整体分布有移动的趋势,这也与上述结果中的图像失真一致。直方图结果表明,对于无人机真实场景中的扣件阴影数据,在保证扣件细节的前提下,算法能够很好地去除阴影干扰,但仍存在小的图像颜色失真问题,不过这些问题不会影响后续的扣件检测。

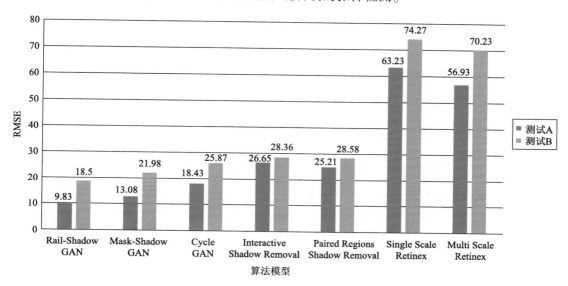

图 3-11　测试 A 和测试 B 的平均 RMSE

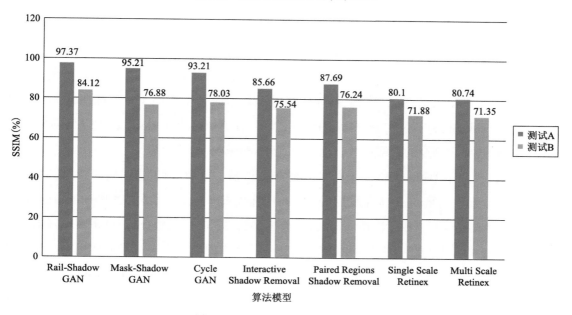

图 3-12　测试 A 和测试 B 的平均 SSIM

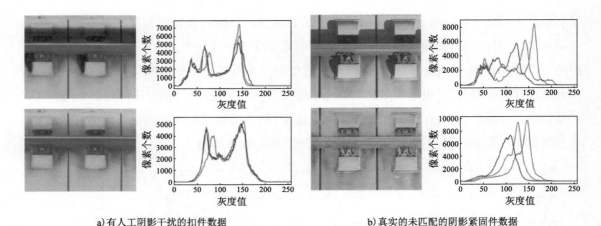

a) 有人工阴影干扰的扣件数据   b) 真实的未匹配的阴影紧固件数据

图 3-13　Rail-Shadow GAN 算法去除阴影效应的直方图分析

3.2.2　基于 YOLOv3 剪枝算法的扣件缺陷检测

针对无人机巡检采集回来的工务扣件可见光图像数据,通过图像灰度化、几何变化和线性插值等预处理操作进行数据增强,扩充数据集。用图像标注软件 LabelImg 对扣件进行标注,再送入到改进过的深度学习目标检测算法,实验结果表明,基于 YOLOv3 剪枝算法的扣件缺陷检测模型取得了非常好的效果。

3.2.2.1　YOLOv3 算法网络结构

扣件数据较为清晰且缺陷较为明显,因此选择单阶段网络作为改进和训练的模型对象。YOLOv3 算法是 YOLO 系列第三代算法,对之前的算法既有保留又有所改进。为了达到一个更好的检测和分类效果,YOLOv3 采用了 Darknet-53 作为主干网络(Backbone)。在 ImageNet 图像数据集上测试的 Darknet-53 取得了很大的提升。ImageNet 是一个计算机视觉系统识别项目,是目前世界上最大的图像识别数据库。相对于其他同样主流的主干网络 ResNet-152 和 ResNet-101,Darknet-53 不仅在分类精度上高出很多,计算速度也比 ResNet-152 和 ResNet-101 提升很多,但包含了更少的网络层数。图 3-14 为 Darknet-53 的结构图。

YOLOv3 使用了 Darknet-53 主干网络里面的前 52 层,并没有引入全连接层,因此 YOLOv3 网络是一个全卷积网络,通过大量使用残差的跳层连接来降低池化操作带来的梯度负面效果。YOLOv3 模型直接放弃了池化操作(Pooling),通过改变卷积的步长值(Stride)来实现降采样的目的。因此在 YOLOv3 的网络结构中,使用的是步长为 2 的卷积来进行降采样操作。为了提高算法对小目标检测的精确度,YOLOv3 中采用了类似于 FPN 的上采样(Up-sample)和融合做法(融合了 3 个尺度,尺度大小分别是 13×13、26×26 和 52×52),在多个尺度的特征图(Feature Map)上做检测,同时 3 条预测支路采用的全都是卷积结构,其中最后一层的卷积核个数是

255，是针对 COCO 数据集的 80 个类别得出：$3 \times (80 + 4 + 1) = 255$，3 表示 1 个网格单元（Grid Cell）包含了 3 个边界框（Bounding Box），4 表示边界框的 4 个坐标信息(x, y, w, h)，1 则表示目标得分（Objectness Score）。

	操作类型	数目	尺寸	输入大小
	卷积	32	3×3	416×416
		64	3×3/2	208×208
1×	卷积	32	1×1	
	卷积	64	3×3	
	残差			208×208
	卷积	128		104×104
2×	卷积	64	1×1	
	卷积	128	3×3	
	残差			104×104
	卷积	256		52×52
8×	卷积	128	1×1	
	卷积	256	3×3	
	残差			52×52
	卷积	512		26×26
8×	卷积	256	1×1	
	卷积	512	3×3	
	残差			26×26
	卷积	1024		13×13
4×	卷积	512	1×1	
	卷积	1024	3×3	
	残差			13×13

图 3-14　Darknet-53 的结构图

网络中进行了 3 次目标检测，分别在 32 倍降采样、16 倍降采样和 8 倍降采样时进行检测。这种在多尺度的特征图上进行检测的模型和单阶段算法里的 SSD 模型类似。同时，在网络中使用上采样的原因是：深层网络的特征表达效果会更好，例如在 16 倍降采样进行检测，如果直接选用第四次下采样的特征来进行检测，这样就只用到了浅层特征，检测效果一般都会比较差。而如果在 32 倍降采样的特征进行检测，深层特征图又太小，于是 YOLOv3 选用了步长为 2 的上采样，把 32 倍降采样得到的特征图大小又提升了一倍，也就变成了 16 倍降采样之后的维度特征。采用同样的方式，8 倍降采样也是针对 16 倍降采样的特征图进行了步长为 2 的上采样操作，通过改变步长的方式，可以采用深层次的特征信息进行目标识别与检测。

通过上采样的操作提取深层特征，它的维度与要融合的特征层维度需保持一致。网络结构中，85 层中将 $13 \times 13 \times 256$ 的特征图上采样得到 $26 \times 26 \times 256$ 的特征图，再将其与 61 层的特征图拼接起来得到 $26 \times 26 \times 768$ 的特征。为了得到 255 个通道数，还需要进行一系列的卷积操作，这种做法既可以提高模型非线性程度，增加算法的泛化性能提高精度，又能够减少模型参数提高效率。$52 \times 52 \times 255$ 的特征层融合也是相同的过程。

YOLOv3 的边界框（Bounding Box）在 YOLOv2 的基础上做了更好的改进。在这两代模型算法中,都对图像中的待检测目标采用了聚类(k-means)算法。特征图中的每一个网格(Cell)都会预测出 3 个边界框,而每个边界框都会预测三类:每个框的位置、目标预测、N 个类别(N 与检测类别有关)。三次检测每次对应的感受野都不同,其中 32 倍降采样的感受野最大,适合大目标的检测,图像在训练之前被统一调整为 416×416 的尺寸大小作为网格的输入,每个网格的三个锚点框(Anchor Box)为 $(116,90)$;$(156,198)$;$(373,326)$。16 倍降采样适合一般大小的物体,锚点框为 $(30,61)$;$(62,45)$;$(59,119)$。8 倍降采样的感受野最小,适合于小目标的检测,因此锚点框为 $(10,13)$;$(16,30)$;$(33,23)$。所以,当输入尺寸为 416×416 时,实际总共有 $(52 \times 52 + 26 \times 26 + 13 \times 13) \times 3 = 10647$ 个候选框(Proposal Box)。

YOLOv3 算法另一个重要的改变是去掉了 Softmax 层,YOLOv3 对检测任务执行多标签的分类。在早期 YOLO 系列中,曾经用 Softmax 层获取类别得分之后再以得分最高的标签来代表目标的类别。而在 YOLOv3 中,这种使用 Softmax 的做法被修正。Softmax 层分类有这样一个前提,分类必须是相互独立的。即如果一个目标被判断为一种类别,那么它就不能再被判断属于另一种类别。但很多情况下存在着类别重叠的问题,上面提到的检测分类前提就失去了意义。这也是 YOLOv3 舍弃了 Softmax 层的原因,而使用了逻辑预测(Logistic Regression)来计算每个类别的得分并通过一个阈值来对待检测目标进行多标签预测。阈值更高的类别就作为这个边界框预测的真实类别。

Logistic 回归对于对锚点框(Anchor)包围部分会进行一个目标预测的打分,即对框内位置是哪一类目标的可能性有多大。这一步设置在预测之前,可以去掉不必要的锚点框来减少算法的计算量。如果锚点框不是最合适的,就算它超出了设定的阈值,也还是不会对它进行目标种类的预测。不同于双阶段 Faster R-CNN 算法的是,YOLOv3 只会对 1 个先验框(Prior)进行操作,也就是那个得分最高的先验框。而 Logistic 回归的作用就是从 9 个锚点框中找出目标检测得分最高的那一个。Logistic 回归是通过曲线对先验框相对于目标检测得分映射关系的线性建模。

3.2.2.2　改进的 YOLOv3 剪枝算法

由无人机采集到的工务扣件数据可以看出,扣件在图片数据中数量多、占比较小且较为分散,如图 3-15 所示。采用原始结构的 YOLOv3 算法并不能达到一个很好的检测精度,因为 YOLOv3 作为单阶段的网络的代表作,是在损失了一定检测精度的基础上,达到了检测速度上的大量提升。尤其是在小目标检测的方面,YOLOv3 的检测精度下降效果会更加明显。

YOLOv3 算法融合了 3 个尺度,分别是 13×13、26×26 和 52×52。其中,13×13 尺度作为最小尺度 YOLO 层,是针对大目标类型的检测,通过输出 13×13 大小的特征图,共有 75 个通道,并在此基础上进行目标分类和定位回归任务;26×26 尺度作为中尺度 YOLO 层,是针对中等目标类型的检测,通过输出 26×26 大小的特征图,共有 75 个通道,并在此基础上进行目标分类和定位回归任务;52×52 尺度作为大尺度 YOLO 层,是针对小目标类型的检测,通过输出 52×52 大小的特征图,共有 75 个通道,并在此基础上进行目标分类和定位回归任务。

图 3-15　扣件数据示意图

因此,移除了 13×13 大小的特征图,使改进之后的 YOLOv3 更加侧重于大尺度层、小目标的训练和检测。改进之后的模型只进行两个尺度的融合过程。该改进的 YOLOv3 模型框架只包括了 26×26 和 52×52 两个特征层,每个特征层的预设边界框尺寸根据 COCO 数据集预先聚类得到,先验锚框为 6 个,利用特征融合技术将包含不同信息的不同尺度层卷积神经网络的特征图进行融合,依旧使用原模型框架中的 Darknet-53 网络作为图像特征提取网络,利用自己采集的无人机工务扣件训练集中的图像数据训练 Darknet-53 主干网络。改进的 YOLOv3 结构如图 3-16 所示。

3.2.2.3　钢轨扣件数据的预处理操作

数据预处理操作在众多深度学习目标检测算法中起着重要作用。在实际情况中,将数据做翻转、图像平滑和直方图均衡等数字图像处理的操作后,可以扩增数据集,丰富样本的数量,同时为深度学习检测算法提供一个更有力的数据支撑,让很多算法能够发挥最佳效果。

对钢轨扣件数据进行几何变换。图像几何变换又叫作图像空间变换,是通过一系列的平移、翻转、镜像、缩放等的几何变换操作,对采集的图像数据进行预处理,用于修正图像采集系统存在的系统误差和仪器位置(成像、透视和镜头原因)原因所引起的随机误差。此外,还可以通过灰度插值算法来进行扣件数据的预处理工作,按照灰度插值这种变换方式来进行计算,输出的结果图像像素会被映射到输入图像数据的非整数坐标上。常见的灰度插值算法有最近邻插值法、双线性插值法和双三次插值法。

对钢轨扣件数据进行图像增强,增强图像数据中的有用信息,它的主要目的是改善图像所呈现的视觉效果,同时针对给定图像的应用场合,有选择性地强调突出图像的整体或者局部的特征。图像增强可以将原来清晰度比较低的图像变得清晰或者突出强调某些特定感兴趣的特征,增大图像中不同物体之间特征的差别度,抑制不感兴趣的区域,来改善图像质量、丰富信息量,并且增强图像判读和识别的效果,满足一些特定分析的需要。传统的图像增强算法可以分成两大类:空间域法和频率域法。

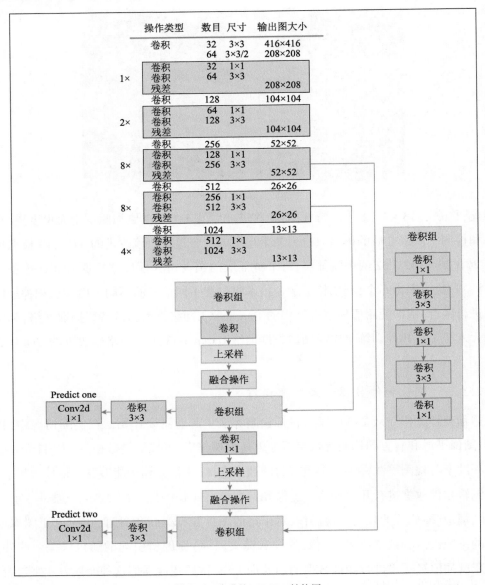

图 3-16 改进的 YOLOv3 结构图

对钢轨扣件数据进行直方图均衡操作,灰度直方图用来表示图像数据中灰度级大小和出现频数之间的相关关系。图像灰度值分布函数的定义是:通过构造灰度级的变换,来改变原图像的直方图分布,从而使得变换后的图像直方图达到特定的要求。直方图均衡操作是一种通过重新调整各灰度值的分布来增强图像的对比度,经过直方图均衡操作的图像对于二值化的阈值选取比较有利。直方图均衡操作的中心思想是通过调整原始图像的灰度直方图使从先前比较集中的灰度区间分布转变为在所有灰度范围的均匀分布。直方图均衡操作增加了图像数据的对比度,使图像包含的信息更加明朗化,在后续目标检测算法训练中不容易丢失有用的信息。

3.2.2.4 现场图像检测结果分析

（1）数据标注与模型训练。

首先对无人机采集到的工务扣件数据通过图像标注软件 LabelImg 进行扣件类型标注,并把标注结果保存为 xml 格式的文件与扣件图像数据一一对应来作为深度学习 YOLOv3 算法的训练和测试数据,标注过程如图 3-17 所示。因为 YOLOv3 目标检测算法属于监督学习算法,需要人工提前把需要检测的类别、检测对象和检测目标区域都标注出来;图像生成对抗网络（GAN）系列,作为无监督学习算法,只需要对模型喂入图片数据,不需要人工标注数据,而是通过算法自己去学习数据里面的隐含特征。前者相对于后者,数据提供更加明确,因此训练的速度和准确度都会更高一些,而后者则更倾向于一些数据不是很好标注或者用于风格迁移扩充样本集等等,用于目标检测则比较少。同时,人工手动标注数据集是一种比较烦琐的方式,可以引入其他标注算法来辅助加快进程。

图 3-17 LabelImg 软件数据标注过程

依据理论内容和现场数据的支持,标注过程中将扣件数据分为三类,分别是正常扣件、破损扣件和缺失扣件。扣件数据的类别示意图如图 3-18 所示。

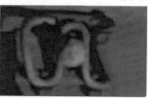
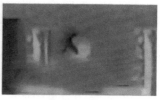

a）正常扣件   b）破损扣件   c）缺失扣件

图 3-18 扣件数据类别示意图

其次则是将经过预处理之后的扣件图像数据和 xml 标注数据喂入改进的 YOLOv3 算法中进行训练,模型的训练环境为 Tensorflow 框架,同时 GPU 配置为单卡的泰坦 2080Ti。在训练之前,为了保证训练效果,需要对算法中的一些超参数进行设置。学习率(Learning Rate,LR)是指在模型优化算法中每次更新网络参数权重的幅度大小。学习率的数值可以是不变的、逐渐降低的,也可以是基于动量或者基于一些自适应的算法。不同的优化算法决定了不同变化趋势的学习率。当学习率偏大时,则可能导致模型不可以收敛,损失值(Loss)不断上下振荡;学习率偏小时,则可能导致模型收敛速度过慢,需要很长的时间进行训练。通常情况下,LR 取值在 0.01~0.0001 之间,具体情况需要根据模型收敛效果来确定。

需要设置的超参数还有批次大小(Batch Size)。批次大小是每一轮训练送入到神经网络中的数据样本数。在卷积神经网络的训练中,选择大批次通常可以使网络更快收敛,但相应的更大批次意味着需要更大的内存,由于内存硬件的限制,过大批次可能会导致训练无法进行或者程序内核的崩溃。通常情况下,Bath Size 取值为 16、32、64、128 等。如果硬件较差或者内存不够,则要对应选择小批次来进行训练。另外一个比较重要的超参数是迭代次数。迭代次数是指在整个训练过程中,图像数据集输入到神经网络中进行训练的总次数,当最后测试数据集和训练数据集的错误率相差比较小的时候,可以认为当前选取的迭代次数比较合适;当测试数据集的错误率先变小之后又升高时,则说明了迭代次数选取得太大,则需要相应降低迭代次数,否则比较容易出现过拟合的现象。过拟合则是说明训练的模型对于训练的样本数据过于精确,以至于稍有偏差的测试数据或者其他的数据都会有很低的检测精度,即模型在训练集上学到了过多的特征,迭代次数过多。

(2)实验与结果分析。

在京沪高速铁路廊坊段某区域进行无人机的数据采集工作,通过无人机搭载工业级可调焦相机在铁路线路安全区域以外进行钢轨扣件数据的采集工作。将无人机采集到的扣件数据进行预处理操作来优化并扩充数据集,之后把工务扣件数据按照 6:2:2 的比例分成训练集、验证集和测试集。其中,训练集是作为用来学习的样本数据集,通过匹配参数建立一个深度学习分类器,训练改进的 YOLOv3 剪枝模型;验证集则是用来确定网络的结构、控制模型复杂程度的参数以及在训练过程中优化训练效果;而测试集则是独立于模型算法训练之外,用来检验模型的训练效果。同时将扣件数据分成三种类型进行标注工作,分别为正常扣件、破损扣件和缺失扣件,均通过图像标注软件 LabelImg 进行标注工作。模型训练的迭代次数选择为 30000 步,考虑到 GPU 硬件的因素,批次大小(Batch Size)取值为 16。同时,学习率取定值 0.001 来进行模型训练,训练过程中的 Loss 曲线如图 3-19 所示。

钢轨扣件检测的效果图如图 3-20 所示,通过整体的实验效果可以看出,高速铁路无人机工务巡检的技术研究方案是切实有效的。无人机通过搭载可见光相机等传感器,在高速铁路安全区以外沿线进行数据采集,并通过改进的深度学习目标检测算法对采集回来的数据进行缺陷检测,可以作为现有检测手段的有效补充。

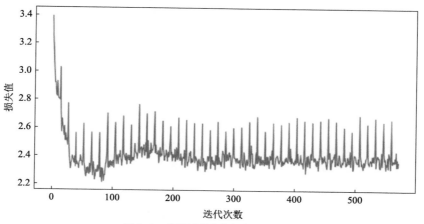

图 3-19 训练过程中的损失函数曲线

图 3-20 扣件检测效果图

3.3 铁路线路钢轨典型缺陷图像检测方法

钢轨作为铁路沿线重要的典型设备,负责引导列车行进,将车轮的巨大压力传递到轨枕上,对于列车运行安全至关重要。随着使用年限的增长,钢轨表面逐渐产生缺陷,甚至发生断裂,严重影响行车安全。尤其在列车高速重载运行时,轮轨之间的接触面很小,压强很大,巨大的压强会导致钢轨表面迅速产生压陷或磨损,如图 3-21 所示。若发现不及时,伤损向内部发展,严重时将导致钢轨折断,直接危及列车运行安全。据统计显示,90% 的列车脱轨事故与轨道断裂有关。目前,钢轨断裂及缺陷成为导致列车发生事故甚至脱轨的主要原因。图 3-22 展示了基于无人机的轨道表面缺陷检测流程图。

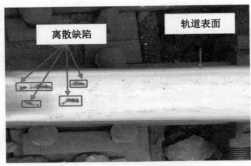

图 3-21　轨道表面缺陷

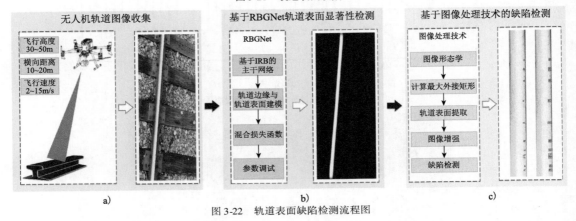

图 3-22　轨道表面缺陷检测流程图

3.3.1　基于轨道边缘引导显著性检测网络的钢轨表面分割方法

钢轨表面缺陷尺寸在无人机图像中占比非常低。因此,钢轨分割是缺陷检测最重要的初始步骤。在无人机铁路图像中,钢轨这类目标具有以下特点:①高纵横比;②钢轨位置不确定;③轨道边缘复杂;④太阳光强度和表面反射率多变;⑤高显著性;⑥存在阴影。一般表面缺陷检测方法都是要先将钢轨提取,然后利用简单的传统视觉方法检测表面缺陷。值得一提的是,也存在一些直接用深度学习的方法去检测表面缺陷的模型。但是针对复杂的无人机图像来说,直接用深度学习的方法并不能达到理想效果。而且,基于无人机轨道图像特点,钢轨的位置、角度和长宽比都是变化的,这就造成了基于传统视觉的钢轨分割方法的失败。同时,一些基于深度学习像素级分割方法没有利用目标的边缘信息,由于无人机轨道图像中复杂的边缘(轨头、轨底和轨枕等)造成钢轨边缘分割的不完整,因此利用基于轨道边缘引导网络(Rail Boundary Guidance Network,RBGNet)的钢轨表面分割方法对铁路线路钢轨进行分割。

3.3.1.1　钢轨表面显著性检测网络设计

轨道表面分割是缺陷检测的第一步,也是最关键的一步,它将决定下一步轨道表面缺陷检测算法是否有意义。目标分割和定位任务可以受益于显著的边界检测结果。基于深度学习显著性检测理论,本书提出了一种新的端到端轨道表面分割网络 RBGNet,该网络结构融合了互补的显著轨道边缘信息和显著轨道表面特征,同时配备了用于轨道表面显著性检测的混合损失函数。RBGNet 主要由四个模块和显著性监督组成,这四个模块分别为基于改进残差块(Improved Residual Block,IRB)的主干网络、钢轨边缘显著性特征提取、钢轨表面显著性特征提取模块、引导模块,如图 3-23 所示。

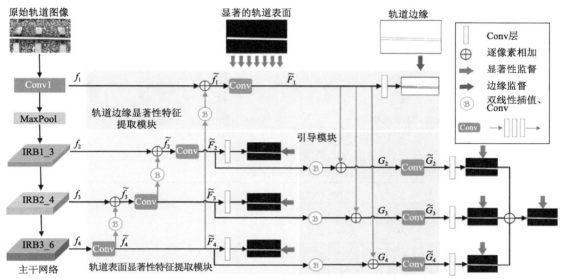

图 3-23　轨道边缘引导网络的结构

（1）主干网络设计。

大多数视觉任务,如图像超分辨率、目标检测、显著性检测都简单地利用 ResNet 结构作为主干,以优良的性能解决时间和内存优化问题。然而,ResNet 是用来解决诸如多目标分类等高层次计算机视觉问题的,因此将 ResNet 直接应用于低层次的视觉问题会导致模型效果达不到预期。一些研究利用多粒级的 Res2net 作为显著性检测的基本单元,然而,这种结构因为增加并行分支会带来额外的计算开销。如图 3-24a)所示,采用改进的无 BN 层的 ResNet 构建图像去雾网络,取得了良好的效果。此外,无归一化的 ResNet 也成功被用在了图像超分辨率和动态场景的图像去模糊上。因此,基于 BN 去除的成功,另外提出了改进残差块(IRB)作为REGNet 的主干网络的基本单元,如图 3-24b)所示。

如图 3-23 所示,3 个 IRB 被用作 RBGNet 的主干网络的基本单元,并且生成 3 个边路径。除此之外,类似于,主干网络构建时没有全连接层,但包含了用于生成另一侧路径的 Conv 层和用于减少参数的 Max pool 层。因此,来自主干网 Conv1、IRB1_3、IRB2_4 和 IRB3_6 的 4 个边路径特征集合能被收集到。值得注意的是,来自 Conv1 的低层特征保留了更好的边缘属性,因此利用Conv1 提取轨道边缘特征,其他边路径用来获得显著的轨道表面特征。主干网的配置见表 3-1。主干网的特征集合是由原始的边路径特征 $f = \{f_1, f_2, f_3, f_4\}$ 组成,如图 3-23 所示。

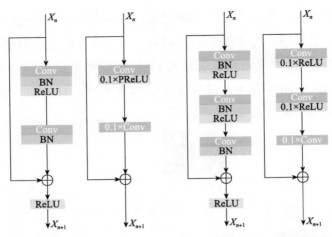

a) 左：原始残差块
   右：使用在DPRNet中的残差块

b) 左：使用在EGNet中的残差块
   右：提出的改进残差块

图 3-24

主干网络配置   表 3-1

Layer	Type	Filter Size	Stride	Padding	Output Channels
Conv1		7×7	3	3	64
Max pool		3×3	2	1	64
IRB1	Bottleneck	$\left\{\begin{array}{l}1 \times 1 \times 64 \\ 3 \times 3 \times 64 \\ 1 \times 1 \times 256\end{array}\right\} \times 3$	1 1 1	1	64 64 256
IRB2	Bottleneck	$\left\{\begin{array}{l}1 \times 1 \times 128 \\ 3 \times 3 \times 128 \\ 1 \times 1 \times 512\end{array}\right\} \times 4$	1 1 1	2	128 128 512
IRB3	Bottleneck	$\left\{\begin{array}{l}1 \times 1 \times 256 \\ 3 \times 3 \times 256 \\ 1 \times 1 \times 1024\end{array}\right\} \times 6$	1 1 1	1	256 256 1024

（2）钢轨表面显著性特征提取模块。

钢轨表面显著性特征提取模块是 RBGNet 中一个生产多分辨率的特征的模块，这个思想是参照于 UNet 和 EGNet。与原来的 UNet 不同，在边路径上加入卷积（Conv）操作来获取更多的轨道表面显著性信息，并且在每个 Conv 层之后增加一个非线性激活函数（ReLU）层来保证模型的非线性。此外，在 U 形架构中，当高层的上下文信息逐渐传回到低层时，高层同时也会逐渐丢失或稀释部分的位置信息。而且，高层特征映射的感受野越大，定位越准确。因此，RBGNet 使用了由高到低的位置信息传播机制，将高层信息融合到每个边路径特征中。假设融合特征集为：

$$f = \{f_1, f_2, f_3, f_4\} \tag{3-25}$$

然后每个融合的特征可以被如下公式计算得出：

$$f_n = f_n + \Phi(\Gamma(\text{Trans}(f_{n+1}, \varepsilon(f_n))), \mu(f_n)), n = 2,3 \tag{3-26}$$

$$f_4 = \Psi(f_4), n = 4 \tag{3-27}$$

式中，$\text{Trans}(\text{input}, \varepsilon(*))$ 代表用于改变特征输出通道数到 $\varepsilon(*)$ 的卷积操作；$\varepsilon(*)$ 是 $*$ 的特征通道数量；Γ 表示 ReLU 操作；$\Phi(\text{input}, \mu(*))$ 代表双线性插值，它是用于改变输入的形状到 $\mu(*)$，$\mu(*)$ 表示的 $*$ 尺寸；$\Psi(*)$ 是一系列的卷积和非线性操作。

最后，使用卷积操作来增强显著的轨道表面特征，因此在每一条边路径中，增强的轨道表面特征可以定义为：

$$F_n = \Psi(f_n), n = 2,3,4 \tag{3-28}$$

（3）钢轨边缘显著性特征提取模块。

钢轨边缘显著性特征提取模块用于建模显著的轨道边缘信息。然而，仅仅利用局部的特征信息是不够的。就像上面提到的，高层特征映射的感受野越大，定位越准确。因此，为了抑制非边缘显著性信息，把高层的轨道表面上下文信息增加到了边缘特征 f_1 里。同样，加强的显著轨道边缘特征可以被定义为：

$$F_1 = \Psi(f_1 + \Phi(\Gamma(\text{Trans}(f_4, \varepsilon(f_1))), \mu(f_1))) \tag{3-29}$$

因此，由轨道边缘显著性特征和轨道表面显著性特征组成的加强特征集合 F 可以被定义为：

$$F = \{F_1, F_2, F_3, F_4\} \tag{3-30}$$

（4）引导模块。

如图 3-23 中引导模块所示，在提取互补的轨道边缘和轨道表面显著性特征后，利用轨道边缘特征引导显著的轨道表面的定位和分割。对于原始的 U 形结构，简单的方法是，将高层的轨道表面特征逐步传输到低层（轨道边缘提取），但同时高层的位置信息也将被逐渐稀释。此外，RBGNet 结构设计的目的是在钢轨边缘信息的引导下，融合钢轨边缘的显著性特征和各边路径的轨道表面显著性特征，从而获得更准确的表面预测效果。因此，在 RBGNet 中建立了引导模块，该模块可在轨道边缘信息的引导下，精确地预测轨道表面位置和轨道边缘。更重要的是，对于每个边路径的轨道表面位置预测，通过增加显著的轨道边缘信息，可使分割后的轨道表面细节更丰富，高层预测更准确。假设融合的轨道表面显著性引导特征集为：

$$G = \{G_2, G_3, G_4\} \tag{3-31}$$

然后，每个融合的引导特征可以类似地表示为：

$$G_n \Phi(\Gamma(\text{Trans}(F_n, \varepsilon(F_1))), \mu(F_1)) + F_1, n = 2,4 \tag{3-32}$$

$$G_n = \Psi(G_n) \tag{3-33}$$

式中，$\text{Trans}(\cdot)$、$\Gamma(\cdot)$、$\Phi(\cdot)$、$\Psi(\cdot)$ 分别表示卷积操作、ReLU 运算、双线性插值运

算、一系列的卷积和非线性操作。因此,一组轨道边缘引导下的加强轨道表面特征集可以被得到:

$$G = \{G_2, G_3, G_4\} \tag{3-34}$$

3.3.1.2 混合损失函数

二值交叉熵作为经典的损失函数之一,被用于大多数显著性目标检测网络。然而,仅用此损失训练的模型在区分边界像素方面的性能通常较差。其他广泛使用的损失函数,如交并比可以在全局范围内监督预测结果,但缺乏捕获精细结构的能力。此外,为了考虑图像的结构和空间相干性,结构相似性指标损失被成功应用在多个视觉任务中,因此提出一种由二值交叉熵、结构相似性指标和交并比组成的混合损失函数。

显著的轨道边缘和所有显著的轨道表面监督都是基于一个混合的损失函数,这些损失的和被定义为:

$$\mathrm{Loss} = \sum_{n=1}^{N} l^{(n)}, N = 8 \tag{3-35}$$

$$l^{(n)} = l_{\mathrm{BCE}}^n + l_{\mathrm{SSIM}}^n + l_{\mathrm{IOU}}^n \tag{3-36}$$

式中,$l^{(n)}$ 代表第 n 个边路径输出损失;N 代表输出的个数;l_{BCE}^n、l_{SSIM}^n 和 l_{IOU}^n 分别是二值交叉熵损失,结构相似性指标损失和交并比损失。整个网络被 8 个输出深度监督($N = 8$),其中包括:1 个来自轨道边缘显著性特征提取模块的输出,3 个轨道表面显著性特征提取模块的输出,4 个最后的监督输出。

二值交叉熵损失 BCE 是二元分类中最常用的损失函数,可被定义为:

$$l_{\mathrm{BCE}}^n = - \sum_{(i,j)} \left[\mathrm{GT}(i,j) \lg(S(i,j)) + (1 - \mathrm{GT}(i,j)) \lg(1 - S(i,j)) \right]$$
$$S \in \{\varphi(F), \varphi(G), \varphi(\mathrm{Sum}(G))\}, \mathrm{GT} \in \{\mathrm{Edge}, \mathrm{Object}\} \tag{3-37}$$

式中,$\mathrm{GT}(i,j) \in \{0,1\}$ 表示像素 (i,j) 的真实值;$S(i,j)$ 表示成为钢轨表面或者边缘的预测概率;$\varphi(\cdot)$ 是一个尺寸为 3×3、Padding 为 1、通道数为 1 的过渡卷积层,它的作用是将多通道输入特征映射转换成单通道映射;F 是加强的轨道边缘特征和轨道表面特征集;G 是轨道边缘信息引导下的加强轨道表面特征集;Edge 和 Object 分别是显著的轨道边缘真实值和显著的轨道表面真实值。

结构相似性指标 SSIM 能够捕获图像中的结构信息,它最开始被提出是用于图像质量评价的一种方法。一些计算机视觉任务成功地将结构相似性指标引入训练损失中,并取得了很有吸引力的结果。因此,也在损失函数中引入它来学习显著的轨边缘真实值和显著的轨道表面真实值的结构信息。假设两个图像子区域的像素集合 x 和 y,它们分别是被截取于预测的概率映射 $S(i,j)$ 和相应的真实值 $\mathrm{GT}(i,j)$ 中。这两个集合被定义为:

$$x = \{x_{i,j}: i,j = 1,\cdots,N\}, y = \{y_{i,j}: i,j = 1,\cdots,N\}$$

$$x \subseteq S, y \subseteq GT \tag{3-38}$$

$$S \in \{\varphi(F), \varphi(G), \varphi(Sum(G))\}, GT \in \{Edge, Object\}$$

然后 x 和 y 的 SSIM 表示为：

$$l_{SSIM} = 1 - \frac{(2\mu_x\mu_y + C_1)(2\sigma_{xy} + C_2)}{(\mu_x^2 + \mu_y^2 + C_1)(\sigma_x^2 + \sigma_x^2 + C_2)} \tag{3-39}$$

式中，μ_x、μ_y 和 σ_x、σ_y 分别是 x 和 y 的均值和标准差；σ_{xy} 是协方差；C_1 和 C_2 分别设为 0.01^2 和 0.03^2。

交并比 IoU 最初用于两个集合的相似性度量，然后用作对象分割和检测的标准评估度量。近年来，许多先进的图像分割方法使用交并比作为训练损失函数。在 RBGNet 的训练中引进了交并比损失，被定义为：

$$I_{IoU} = 1 - \frac{\sum_{i=1}^{H}\sum_{j=1}^{w} S(i,j) GT(i,j)}{\sum_{i=1}^{H}\sum_{j=1}^{w} [S(i,j) + GT(i,j) - S(i,j) GT(i,j)]} \tag{3-40}$$

$$S \in \{\varphi(F), \varphi(G), \varphi(Sum(G))\}, GT \in \{Edge, Object\}$$

同样，$GT(i,j) \in \{0,1\}$ 是像素 (i,j) 的真实值，$S(i,j)$ 表示成为钢轨表面或者边缘的预测概率。混合损失函数由二值交叉熵损失（Binary Cross-Entropy，BCE）、结构相似性指标损失（Structural Similarity Index Measure，SSIM）和交并比（Intersection-over-Union，IoU）损失组成。

3.3.1.3　实际轨道数据钢轨分割结果分析

图 3-25 提供了 RBGNet 和其他模型之间定性比较的直观证据。如图 3-25 所示，大多数基于卷积神经网络的方法无法生成准确的轨道表面，这使轨道表面缺陷检测不切实际。RBGNet 能够精确地分割具有复杂轨道边缘的无人机图像，而其他模型漏掉了大量的钢轨表面，或者产生模糊的边缘。这是因为 RBGNet 能够处理轨道不同区域的不同反射属性和不一致的光照条件带来的挑战。如图 3-25 中 D 列、G 列、H 列和 I 列所示，UNet 和这些由 U 形网络结构改进而来的网络，如 UNet、U2Net 和 UNet + +，预测出了错误的轨道表面或不完整的轨道边界。如图 3-25 中 B 列、C 列所示，一些边缘感知的网络（如 EGNet 和 BASNet）对具有复杂边界或不均匀照明条件的轨道表面图像分割效果不够好。尽管 BASNet 装备了先进的损失函数，它的性能仍然不如 EGNet。当比较图 3-25 中 E 列、F 列时，PoolNet 和配备了先进的 Res2Net 的 SOD100K，获得了具有竞争力的性能。然而，U 形网络 PoolNet 对包含黑暗部分的轨道表面的分割效果差，并且 SOD100K 无法实现对这些轨道的完整表面和边界的预测。如图 3-25 中 J 列所示，提出的轨道边缘引导网络 RBGNet 获得了最好的视觉效果。

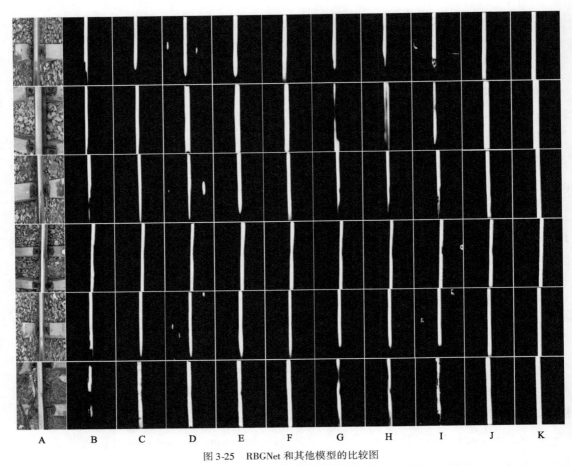

图 3-25　RBGNet 和其他模型的比较图

A-原始图片；B-边缘注意显著性网络；C-边缘导向网络；D-U 形网络；E-基于池化网络；F-100K 显著目标检测网络；G-深度U 形网络；H-轻型深度 U 形网络；I-改进版 U 形网络；J-提出的轨道边缘引导网络 RBGNet；K-真实值

考虑到现有网络的局限性，并得益于对互补的显著轨道表面信息和显著的钢轨边缘特征的建模，RBGNet 装备了新型的结构和混合损失函数，这使该网络能够精确地预测具有良好边缘的钢轨表面，为轨道表面缺陷检测打下良好的基础。

3.3.2　基于局部类韦伯对比定律与灰度延伸最大熵的钢轨表面缺陷检测方法

铁路线路钢轨表面缺陷包括轮轨接触引起的波纹和离散缺陷。当火车在轨道上运行时，车轮在轨道上周期性地滑动会产生波纹。离散缺陷在钢轨表面以明显的随机方式产生，没有周期性特征，这些缺陷可能会导致严重事故，甚至可能导致灾难性的车辆脱轨。无人机图像的铁路线路钢轨表面缺陷检测存在以下挑战：①缺陷点、背景点以及不规则点（噪声）灰度值混乱；②钢轨局部灰度范围变化小；③全局灰度范围变化大；④缺陷的灰度值低；⑤缺陷深度结构信息和具体形状特征极少。经过调研，像轨道表面离散缺陷这类目标，没有明显结构特征，包括的纹理、边缘等特征,因此基于深度学习的方法对这种缺陷检测效率较低。另外,一些基于传统图像处理技术的方法,容易受到变化的太阳光照、不均匀的轨道表面或者噪声的影响。因此,基于数字图像处理技术,根据钢轨表面特点,提出类韦伯对比-最大熵阈值模型,从图像增强和优化的分割阈值入手,解决了以上挑战并有效检测出这类铁路沿线典型设备缺陷。

3.3.2.1 韦伯对比定律、最大熵阈值理论和小波理论

(1)韦伯对比定律。

作为最经典的亮度对比度统计方法之一,韦伯对比度被广泛应用于处理较大均匀背景上的小而尖锐的图形目标,定义为:

$$C_w = \frac{L_0 - L_b}{L_b} \tag{3-41}$$

式中,L_0 是目标的亮度;L_b 是背景的亮度。当背景的亮度高于目标亮度时,C_w 是负数,并且范围是从 -1 到 0。当背景的亮度比目标暗时,C_w 是正数,范围是从 0 到无穷。

(2)最大熵阈值理论。

最大熵阈值方法能确定一个分割阈值,这个阈值可以通过累加的目标概率分布 ϕ_o 和累加的背景概率分布 ϕ_b,最终最大化总体信息内容。这两个概率分布定义为:

$$\phi_o = \sum_{n=0}^{T-1} P_n, \phi_b = 1 - \phi_o \tag{3-42}$$

$$P_n = \frac{f_n}{M}, n \in [0, 255] \tag{3-43}$$

式中,P_n 是图像中灰度值 n 的概率;M 为图像中包含的总共的灰度级数量。

因此,给定一张拥有 256 个灰度级的图像 I,ϕ_o 和 ϕ_b 的熵可以表示为:

$$H_o(T) = -\sum_{n=0}^{T-1} \left(\frac{P_n}{\phi_o(T)} \ln \frac{P_n}{\phi_o(T)} \right) \tag{3-44}$$

$$H_b(T) = -\sum_{n=T}^{255} \left(\frac{P_n}{\phi_b(T)} \ln \frac{P_n}{\phi_b(T)} \right) \tag{3-45}$$

式中,f_n 是图像 I 中灰度值 n 的频率。

因此,一个优化的阈值 T^* 能通过如下公式得出:

$$T^* = \mathrm{argmax}(H_0(T) + H_0(T)), T \in [0, 255] \tag{3-46}$$

由上述公式可以看出,最大熵阈值方法既考虑了图像像素灰度的分布信息,又考虑了像素的空间信息。

（3）二维离散小波变换。

离散小波变换不仅可以方便、有效地表达信号的某些特征，而且可以深入了解图像的空间和频率特性。图像等二维函数可以由一维小波变换展开。在二维中，1 个二维尺度函数和 3 个二维小波函数由下式给出：

$$\begin{cases} \varphi(x,y) = \varphi(x)\varphi(y) \\ \Psi^H(x,y) = \Psi(x)\varphi(y) \\ \Psi^V(x,y) = \varphi(x)\Psi(y) \\ \Psi^D(x,y) = \Psi(x)\Psi(y) \end{cases} \tag{3-47}$$

式中，$\varphi(x,y)$ 是二维尺度函数；Ψ^H 对应于沿列的某些变化（例如水平边）；Ψ^V 对应于沿行的变化（例如垂直边）；Ψ^D 对应于对角线的变化。

它们都可以看作两个一维函数的乘积。如果二维尺度函数和小波函数能被给出，那么二维小波变换可以由一维离散小波变换扩展得到。首先，尺度函数和转换基函数被定义为：

$$\varphi_{j,m,n}(x,y) = 2^{\frac{j}{2}}\varphi(2^j x - m, 2^j y - n) \tag{3-48}$$

$$\Psi^i_{j,m,n}(x,y) = 2^{\frac{j}{2}}\Psi(2^j x - m, 2^j y - n), i = \{H, V, D\} \tag{3-49}$$

式中，索引 i 是一个上标，它假定 H、V 和 D 的值。

那么一副 $M \times N$ 图像 $f(x,y)$ 的离散小波变换可以被定义为：

$$W_\varphi(j_0, m, n) = \frac{1}{\sqrt{MN}}\sum_{x=0}^{M-1}\sum_{y=0}^{n-1}f(x,y)\varphi_{j_0,m,n}(x,y) \tag{3-50}$$

$$W^i_\Psi(j, m, n) = \frac{1}{\sqrt{MN}}\sum_{x=0}^{M-1}\sum_{y=0}^{n-1}f(x,y)\Psi^i_{j,m,n}(x,y), i = \{H, V, D\} \tag{3-51}$$

式中，j_0 是默认设置为 0 的任意起始比例；$W_\varphi(j_0, m, n)$ 系数是 $f(x,y)$ 在比例 j_0 下的一个近似值；$W^i_\Psi(j, m, n)$ 系数添加了水平、垂直和对角线细节。

二维离散小波变换是通过使用数字滤波器和下采样来实现的，如图 3-26 所示。根据二维离散小波变换尺度和小波函数，可以得到 $f(x,y)$ 的行的一维快速小波变换，后面紧跟着是列的一维小波变换。因此，通过高通和低通滤波器，可以将原始二维图像分解为四个子图像集，这些子图像集包含不同的频率特性：1 组包含低通信息的比例系数和 3 组小波系数 W^H_Ψ、W^D_Ψ 和 W^V_Ψ（分别对应水平、对角线和垂直方向细节）。一维离散小波变换方法还可以降低噪声和背景干扰。

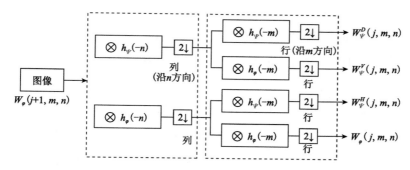

图 3-26　使用数字滤波器和下采样的二维离散小波变换流程图

$\otimes$-卷积操作；h_φ-低通滤波；h_ψ-高通滤波

3.3.2.2　钢轨表面缺陷特点

由于遮挡、无人机的抖动、钢轨表面不同区域的反射属性，或者其他因素，无人机轨道表面图像的亮度会有不均匀。因此，缺陷和背景总是混在一起的。根据调研，无人机轨道图像有以下特点：

（1）局部区域灰度值变化范围较小。均匀照射下，轨道表面图像中各纵线的反射特性和照度是稳定的。在局部线窗口中，灰度值的变化范围变化较小，这个明显的特征可以用于图像增强。

（2）全局范围内灰度值变化范围较大。一般来说，由于不均匀照射和钢轨表面不同部分的反射属性，钢轨图像在全局范围内的灰度变化范围很大。钢轨表面光滑部分的反射光强度大于粗糙部分的反射光强度。

（3）缺陷和背景之间的混乱灰度值。一般来说，轨道表面缺陷的灰度值比背景的灰度值要低，但由于光照不均匀和噪声等的影响，这种顺序常被打乱，如图 3-27 所示。

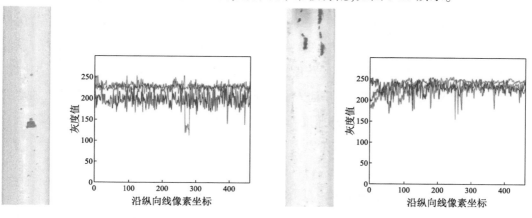

a）第10条像素列的灰度曲线（红）　　　　　b）第110条像素列的灰度曲线（绿）

图 3-27　无人机轨道图像中部分轨道纵向像素列的灰度曲线

（4）沿轨道纵向方向的特征一致性。实际上，当列车在钢轨上运行时，钢轨表面在沿轨道纵向方向上具有一致的特征，因为钢轨表面和车轮之间的纵向摩擦点对钢轨表面的影响几乎相同。在钢轨图像中，沿着轨道纵向方向的像素点强度变化与缺陷点和噪声点引起的相对灰度值改变是一致的。因此，通过对轨道纵向区域像素信息进行分析，可以检测到表面离散缺陷。

（5）钢轨每条纵向线的灰色平均值较高。根据观察，在正常情况下，无人机轨道图像的纵向灰度均值较高。这是因为无人机应该在晴朗的天气和自然光照条件下飞行，在这种条件下采集的铁轨表面，其反射率会因为平滑的表面和良好的光线表现得较高，如图 3-27 所示，图中 a)、b) 分别展示了不同位置的钢轨表面缺陷。

3.3.2.3　基于局部类韦伯对比定律的钢轨表面增强方法

（1）局部类韦伯对比定律。

如图 3-27 所示，沿轨道纵向线的灰度均值较高，而缺陷的亮度很低。一般来说，钢轨图像中有较少的缺陷，因此，这个纵向线灰度平均值可被视为纵向线上的背景。根据韦伯对比定律公式 C_w，这个特征完全满足韦伯对比度的适用范围。受韦伯对比度的启发，并且针对无人机轨道图像的这些特点，提出了局部类韦伯对比定律（Local Weber-Like Contrast，LWLC）图像增强算法，以适应不同的太阳光照度，消除图像灰度的显著变化。缺陷检测方法将在下一节介绍。假设轨道图像中一个像素 $I(x,y)$ 和它所在的窗口 T，每个像素的 $\text{LWLC}_{(x,y)}$ 可以定义为：

$$\text{LWLC}_{(x,y)} = \frac{I(x,y) - E(I(\tilde{x},\tilde{y}))}{E(I(\tilde{x},\tilde{y}))}, (\tilde{x},\tilde{y}) \in T \tag{3-52}$$

式中，$I(x,y)$ 是图像中像素灰度值；E 是窗口 T 中的 $(\tilde{x},\tilde{y})$ 的均值。

由于无人机轨道图像的高亮度特点，图 3-28a) 示出了范围在 $[100,255]$ 的 LWLC 映射值。图 3-28b)、c) 分别展现了 $E = 120$ 和 $E = 220$ 的 LWLC 曲线。如图 3-28b) 所示，在图像 I 中，低的灰度范围 $[0,120]$ 被直接映射到了 $[-1,0]$，高的灰度范围 $[120,255]$ 被映射到了 $[0,135/120]$。与之相反，图 3-28c) 出示了 $E = 220$ 的曲线，从图中可以看到图像 I 的低灰度范围 $[0,220]$ 被映射到了 $[-1,0]$，图像 I 的低灰度范围 $[220,255]$ 被映射到了 $[0,35/220]$。因此，随着亮度的增加，LWLC 值逐渐减小，并且 I 的范围延伸也相继减弱。这些特征与人类视觉系统相似，人类视觉系统更可能在较暗的照度下分辨出图像对比度。

设图像中像素的灰度值 $I(x,y)$ 可以大约表示为：

$$I(x,y) = L(x,y) \times R(x,y) \tag{3-53}$$

式中，$L(x,y)$ 表示照射在相机镜头上的光强度；$R(x,y)$ 是反射属性系数。

在局部窗口 T 中，由于在阳光照射下，轨道表面反射的这一微小区域的阳光强度几乎没有变化，因此 $L(x,y)$ 可以被当成是常数 L。基于以上分析，式(3-52) 可以被代替为：

$$\text{LWLC}_{(x,y)} = \frac{I(x,y) - E(I(\tilde{x},\tilde{y}))}{E(I(\tilde{x},\tilde{y}))} = \frac{I(x,y) - E(L(\tilde{x},\tilde{y}) \times R(x,y))}{E(L(\tilde{x},\tilde{y}) \times R(x,y))}$$

$$= \frac{L \times R(x,y) - L \times \overline{\mu_R}(\tilde{x},\tilde{y})}{L \times \overline{\mu_R}(\tilde{x},\tilde{y})} = \frac{R(x,y) - \overline{\mu_R}(\tilde{x},\tilde{y})}{\overline{\mu_R}(\tilde{x},\tilde{y})}, (\tilde{x},\tilde{y}) \in T \qquad (3\text{-}54)$$

式中,$\overline{\mu_R}(\tilde{x},\tilde{y})$是局部窗口 T 中反射属性系数 $R(x,y)$ 的平均值。

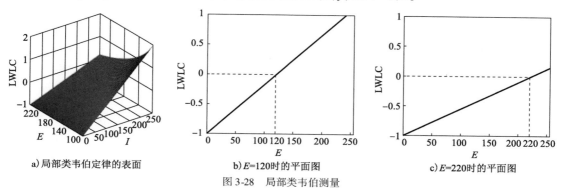

a)局部类韦伯定律的表面   b)$E=120$时的平面图   c)$E=220$时的平面图

图 3-28　局部类韦伯测量

从式(3-54)可以看出,LWLC 只是依赖于 $R(x,y)$ 和 $\overline{\mu_R}(\tilde{x},\tilde{y})$,而和照射光强度 $L(x,y)$ 无关。因此,可以假设 LWLC 在太阳光照度变化的情况下能保持稳定。另一方面,在局部窗口 T 中的反射属性系数 $R(x,y)$ 通常变化很小,这就意味着 $R(x,y) - \overline{\mu_R}(\tilde{x},\tilde{y})$ 趋于 0。因此,当一幅钢轨图像中存在一个拥有高反射系数均值 $\overline{\mu_R}(\tilde{x},\tilde{y})$(平滑表面)的窗口 T_1 和一个拥有低反射系数均值 $\overline{\mu_R}(\tilde{x},\tilde{y})$(粗糙表面)的窗口 T_2,它们的 LWLC 矩阵的差异并不明显。基于以上分析,LWLC 图像增强算法能生成一幅背景均匀的钢轨图像。

(2)滑动窗口选择与动态阈值设置。

简而言之,通过 LWLC 算法可以使钢轨表面缺陷更突出、背景更均匀。由于轨道表面在不同日照强度下的反射属性不同,利用 LWLC 算法可以增强无人机轨道图像,消除的亮度不均匀性。

局部窗口 T 大小的选择非常重要,因为它影响了算法的质量和效率。基于上述轨道表面的特征,沿轨道纵向的无人机轨道图像特征的一致性,使用线性窗口 $T(100 \times 1)$。

在局部线窗口中,缺陷的灰度值低于钢轨表面的其他区域,因为局部窗口 T 的光线被认为是相等的,缺陷反射的光线较少。因此,如果某像素的灰度值低于该窗口中所有像素的平均值,则可以将其视为缺陷点。相反,这被视为一个背景点,通过设置一个动态阈值 $E(I(\tilde{x},\tilde{y}))$,可以将非缺陷点(背景和不规则点)的像素转换为均匀背景。因此,动态的 LWLC 可以被表示为:

$$\text{LWLC}_{(x,y)} = \begin{cases} \dfrac{I(x,y) - E(I(\tilde{x},\tilde{y}))}{E(I(\tilde{x},\tilde{y}))} & \text{if } I_{x,y} < E(I(\tilde{x},\tilde{y})) \\ 0 & \text{其他} \end{cases} \qquad (3\text{-}55)$$

总而言之,本书提出的用于图像增强的 LWLC 算法描述如下:

①已知原始图像 I,设定线性窗口 T,并计算每个像素的 LWLC 值,从而可以获得 LWLC 矩阵。

②将 LWLC 矩阵的灰度值映射到$[0,255]$。

3.3.2.4 基于灰度延伸最大熵的表面缺陷检测方法

灰度延伸最大熵(Gray Stretch Maximum Entropy,GSME)算法通过在目标和背景之间拉伸灰度范围来确定最佳分割阈值,并在图像的小波域中降低噪声。算法的过程如图 3-29 所示。

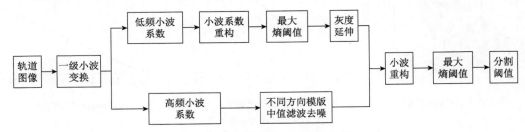

图 3-29 灰度延伸最大熵阈值方法步骤

基于一级二维离散小波变换,将钢轨图像分解为 LL、HL、LH、HH 四个频段。对于 LL 频段来说,在重构系数以后,利用最大熵阈值算法获得一个分割阈值。然后使用灰度延伸的方法去增强背景和前景之间的对比度。对于 HL、LH 和 HH 频段来说,采用水平线、垂直线和对角线的中值滤波模板分别对三个高频小波系数进行去噪。然后,在重建钢轨图像后,采用最大熵阈值算法生成一个分割阈值。

具体步骤如下:

①基于一级 2-D 离散小波变换,将钢轨图像分解为四个小波系数,包括近似值(低频区)、水平、垂直和对角线细节。

②对小波分解后的图像低频区域(LL 区域),在重构其系数后,用最大熵算法得到分割阈值,然后用灰度延伸的方法增强背景与前景的对比度,如下式:

$$f_\varphi(x,y) = \frac{1}{\sqrt{MN}} \sum_m \sum_n W_\varphi(j_0,m,n) \varphi_{j_0,m,n}(x,y) \tag{3-56}$$

$$f_\varphi^*(x,y) = \begin{cases} f_\varphi(x,y) - af_\varphi(x,y) & \text{if } f_\varphi(x,y) < T^* \\ f_\varphi(x,y) + af_\varphi(x,y) & \text{其他} \end{cases} \tag{3-57}$$

式中,$f_\varphi(x,y)$ 表示重构图像函数;a 是通常被设置为 0.1 的延伸因子。

③对于图像,其能量主要分布在低频区域。在高频区域,噪声能量所占的比例较大,因此重点研究高频区域的去噪问题。使用水平线、垂直线和对角线的中值滤波模板分别对三个高频小波系数进行去噪。

④利用离散小波逆变换算法对钢轨图像进行重构。重建图像的公式如下所示：

$$f(x,y) = f_\varphi^*(x,y) + \frac{1}{\sqrt{MN}} \sum_{i=H,V,D} \sum_{j=j_0}^{\infty} \sum_m \sum_n W_\Psi^i(j,m,n) \Psi_{j,m,n}^i(x,y) \tag{3-58}$$

⑤采用离散小波逆变换重构钢轨图像后，利用最大熵阈值算法生成优化的分割阈值。

3.3.2.5 仿真分析与验证

图 3-30 中显示了一些包含离散缺陷的无人机轨道图像示例。根据缺陷大小和铁路实际养护标准，将钢轨表面缺陷分为两类。一般情况下，尺寸大于 $255mm^2$ 的缺陷应尽快检查，因为它可能导致严重事故。当缺陷面积超过 $25mm^2$ 时，对缺陷进行标记。精度（P）和召回率（R）定义为：

$$P = \frac{TP}{TP + FP} \tag{3-59}$$

$$R = \frac{TP}{NP} \tag{3-60}$$

式中，TP、FP 和 NP 表示正确检测缺陷的数量、错误检测缺陷的数量、标记缺陷的数量。

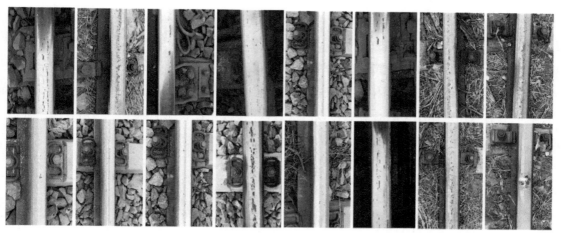

图 3-30　包含轨道表面缺陷的无人机轨道图片示例

（1）图像增强实验对比与分析。

通过对随机选取的多幅图像进行实验，验证了该方法的有效性。应该注意的是，这些选择的图像具有低对比度和不同光照强度的特征。将局部类韦伯对比（Local Weber-Like Contrast，LWLC）算法与直方图均衡（Histogram Equalization，HE）、局部归一化（Local Normalized，LN）、类迈克逊对比（Michelson-Like Contrast，MLC）算法等经典增强方法进行比较。

图 3-31 给出了这些方法的比较结果。直方图均衡方法只对图像的灰度分布进行了平均，没有放大图像的灰度范围，且保留了大量的不规则（噪声）点，如图 3-31b）所示。LN 方法由于图像丢失了大量的重要细节信息，增强效果较差。MLC 算法在基于无人机的轨道图像上取得

了有竞争力的性能,而且突出了缺陷。然而,对于亮度均值较高、不规则点较多的无人机轨道图像,该算法对扩展背景点与不规则点、缺陷点之间的灰度范围能力较差。虽然 MLC 算法能够较好地区分缺陷和背景,但对不规则(噪声)点和缺陷点的识别能力不如 LWLC 算法。如图 3-31d)、e)所示,使用 LWLC 增强算法比 MLC 算法更明显地突出了缺陷。值得注意的是,LWLC 算法能有效地消除光照不均匀的影响。

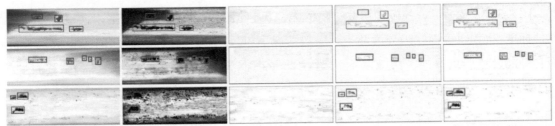

a)截取的轨道图片   b)直方图均衡   c)局部归一化   d)类迈克逊算法   e)局部类韦伯定律

图 3-31   不均匀照度的轨道表面增强方法比较

注:图中用矩形标记图像上的离散缺陷。

如图 3-31a)所示,对于上两幅有多个阴影的图像来说,全局图像增强方法[直方图均衡方法,如图 3-31b)所示]是一种线性算法,只对灰度分布进行均衡,这使得图像丢失了细节信息,且放大了不规则点(噪声点和阴影点)。此外,LN 算法(图 3-31c)虽然可以去除阴影,但也去除了缺陷点。这是因为由于钢轨表面存在的缺陷较少,缺陷与背景在沿轨道纵向方向上的差异较大,且钢轨表面具有高反射特性,使沿轨道纵向线的平均亮度接近背景亮度。基于这个特点,基于韦伯对比定律的 LWLC 算法可以解决这些问题,并有效地消除了不均匀光照。最后,由图 3-31e)可以看出,本书所提出的 LWLC 算法优于其他算法。

(2)缺陷检测实验对比与分析。

①质量(视觉)评估。

在局部类韦伯对比算法的基础上,将灰度延伸最大熵(Gray Stretch Maximum Entropy,GSME)算法与经典的图像分割方法进行了比较,包括:最大熵(Maximum Entropy,ME)算法、比例强调最大熵(Proportion Emphasized Maximum Entropy,PEME)算法和灰度延伸阈值(Gray Stretch and Threshold Algorithm,GSTA)算法。ME 算法可以确定一个阈值,使目标分布和背景分布提供的信息的总内容最大化。PEME 算法是一种改进的最大熵算法,它减少了背景信息的比例,增加了原方程的指数因子。GSTA 算法利用小波变换和大津算法对图像进行边缘增强,然后利用大津算法提取图像的目标。在对比实验中,PEME 算法采用 MLC 进行图像增强,其他三种算法采用相同的 LWLC 增强算法。以上算法均采用上述相同的评价标准,如图 3-32所示。

如图 3-32b)所示,LWLC + ME 方法比 LWLC + GSTA 方法和 MLC + PEME 方法更能够保

留详细的缺陷信息,但在噪声抑制、非缺陷点去除的性能方面比 LWLC + GSME 方法弱。PEME 方法不适用的原因如下:由于基于自然光的照明方式,相机与轨道的距离较远,无人机图像对比度较低,纹理特征相对模糊,噪声较大;自然光照的变化是人类无法控制的,它对缺陷提取有着不可避免的影响;无人机图像在采集时,相机与地面距离无法确定,这导致了无人机图像无法一致的特性。因此,PEME 模型的指数因子 β 就没有统一的模型来设定。在图 3-32c)中可以看出,LWLC + GSTA 方法不能有效地保留包括形状和面积信息的缺陷细节,并且比其他方法有更多的噪声和非缺陷点。图 3-32d) 显示 MLC + PEME 方法突出显示缺陷区域,但图像中的噪声和非缺陷点无法抑制。如图 3-32e) 所示,可以看出,基于 LWLC + GSME 方法的缺陷分割是显著的,具有最少的噪声和非缺陷点。

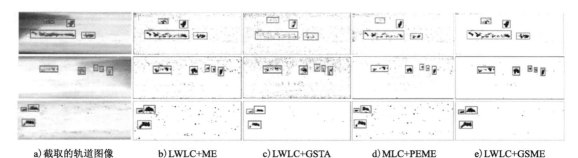

a) 截取的轨道图像　　b) LWLC+ME　　c) LWLC+GSTA　　d) MLC+PEME　　e) LWLC+GSME

图 3-32　轨道表面缺陷分割方法比较

注:图中用矩形标记图像上的离散缺陷。

②量化评估。

图 3-33 给出了分割后缺陷检测的定量分析。该实验进一步说明了 LWLC + GSME 方法更适合基于无人机图像的钢轨表面缺陷检测。

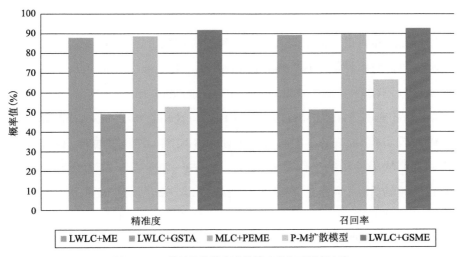

图 3-33　五种缺陷检测方法的精确度和召回率比较

GSTA 算法虽然增强了图像的对比度,但不能有效地抑制噪声的干扰。其他三种算法由于易受噪声和背景点的影响,分割效果较差。相反,LWLC + GSME 方法不仅实现了缺陷与背景的对比度增强,而且获得了最佳的分割效果。例如,LWLC + GSME 方法对缺陷的识别精度为 92.25%,对缺陷的识别的召回率是 93.16%。值得注意的是,LWLC + GSME 方法比 LWLC + ME 方法和 MLC + PEME 方法的检测效果要略高一些,主要是因为这些分割算法都是基于 ME 算法演变而来的。但是 GSME 算法具有消除噪点和不规则点的能力,对那些钢轨被严重腐蚀或者图像质量很差的图片效果更佳。

另外,根据 ME 算法原理和上述缺陷的特点,在保留完整缺陷的条件下,合适的分割阈值应该相对较小。表 3-2 给出了四种分割方法的三个分割阈值示例[以图 3-32a)中的三个钢轨表面为例,分别是 a1、a2、a3]。从该表中看出,基于 LWLC + GSME 方法获得相对较小的分割阈值,因为 GSME 算法延伸了图像的灰度范围,使缺陷的灰度范围更低,这进一步说明了该方法可以更好地分割出缺陷目标。需要注意的是,虽然基于 LWLC + GSTA 方法的阈值最小,但是该方法对于缺陷实现了较差的性能,如上述实验所示。这可能是因为该方法利用高斯核在小波域对高频区域的目标边缘进行增强,而无人机图像中含有大量的不规则(噪声)点。因此,该方法还增强了钢轨图像中的噪声,导致缺陷检测性能较差。

四种分割方法的分割阈值比较   表 3-2

项目	LWLC + ME	LWLC + GSTA	MLC + PEME	LWLC + GSME
图片(a1)	228	140	226	189
图片(a2)	213	120	225	170
图片(a3)	188	82	206	161

③系统评估。

将轨道分割方法和轨道表面缺陷方法嵌入到一个系统里进行整体的运行时间评估。使用基于霍夫变换的像素列累加灰度值(Hough-Based Pixel Column Cumulation Gray,HPCG)、基于轮廓投影的轨道分割(Track Extract Based on Projection Profile,TEBP)、基于直方图的轨道提取(Histogram-Based Tack Extraction,HBTE)与 RBGNet(Rail Boundary Guidance Network),针对钢轨分割做比较实验,如表 3-3 中阶段 1 所示。RBGNet 用最短的时间实现了钢轨分割,这将降低轨道表面缺陷检测的工作量。值得注意的是,如阶段 3 中,GSME 算法虽然检测精度超过了所有比较的方法,但是它的时间消耗较多(4.62s)。这是因为 GSME 算法引进了小波变换,消耗了时间。基于实验结果(图 3-33),如果无人机图像是拍摄在较好的环境下,并且钢轨没有受到严重腐蚀,那么对于钢轨表面缺陷检测系统来说,ME 算法也可满足要求。

系统运行时间比较 表3-3

方法类型	阶段1	时间（s）	阶段2	时间（s）	阶段3	时间（s）	总和（s）
HPCG + ME	HPCG	0.17	—	—	ME	14.01	14.18
HPCG_LWLC + GSME	HPCG	0.17	LWLC	0.46	GSME	4.62	5.25
TEBP_LN + ME	TEBP	0.06	LN	0.65	ME	3.06	3.77
HBTE_MLC + ME	HBTE	0.06	MLC	0.47	ME	2.93	3.46
RBGNet_LWLC + ME	RBGNet	0.16	LWLC	0.37	ME	2.31	2.84

3.4 铁路线路声屏障典型缺陷图像检测方法

高速列车通过时有较大的噪声，为了避免噪声影响沿线周边居民的正常生活，必须使用声屏障对噪声进行隔离。因此，高速铁路线路上声屏障的缺失或破损将影响高速铁路的运营安全和线路周边居民的居住环境。声屏障护栏完整性检查就是要找出护栏存在缺失或者破损的位置，以便及时修复。

现阶段声屏障的检测主要通过人工或者相关检测设备进行。人工方法主要是通过观看高速检测列车摄像机录制的线路视景画面进行缺陷识别，这种方法效率低且容易造成漏判。相关设备检测方面，例如基于机器视觉技术的高速铁路线路护栏完整性自动检测系统，该系统可以对高铁两侧护栏的完整性进行辨识。该系统安装在高速综合检测列车上，可以针对声屏障内侧的结构情况进行巡视识别，但是无法判断声屏障外侧的结构情况。因此，对于高速铁路线路两侧隔声降噪的声屏障结构，往往无法对其结构外侧安全状况进行有效的巡检。通过无人机挂载可见光相机的方式对声屏障外侧结构进行检测，起到了对现有检测手段补充和完善的作用。

本书主要提出了基于YOLOv5s-4det算法的铁路线路声屏障缺陷检测方法，具体如下。

（1）FMix声屏障数据增强方法。

目前采集到的声屏障图像中，正常图像多，而表面破损或掉块、立柱锈蚀和砂浆层老化劣化等缺陷图像相对较少，难以做到样本数量的均衡，而深度学习是以大量均衡数据集为基础来进行训练的，所以数据增强操作必不可少。YOLOv5模型本身对图像通过随机选择裁剪、平移、改变亮度、加噪声、旋转、镜像、擦除、多图像混合增强（Mixup）、多图像插值增强（CutMix）、马赛克数据增强（Mosaic）等方式进行数据增强，以提高神经网络的泛化性；并且还可以通过YOLOv5自带的遗传算法来寻找各种增强方式之间的最佳比例。

但上述增强方法还不能满足声屏障缺陷图像数据增强的需求,因此将 FMix 混合样本的数据增强方式用于声屏障缺陷检测中。FMix 数据增强过程如下:首先对傅里叶空间采样的低频图像进行阈值处理得到掩膜,然后随机从图像中根据掩膜剪切出任意形状的部分,与原图像进行特征融合。图 3-34 为通过 FMix 增强方式对声屏障数据进行数据增强处理后的增强图像。FMix 允许保留任意形状的遮罩,同时保留 CutMix 的所需属性,以最大化边缘形状的空间,同时保持局部一致性。

图 3-34　FMix 声屏障数据增强示意图

混合样本数据增强方法主要有插值和掩膜两种。其中,插值方法的代表是 Mixup 方法,掩膜方法的代表是 CutMix 方法。插值方法会导致数据的早期压缩,使模型偏向更一般的特征,而掩膜方法会保留数据中语义结构的分布,更适合拟合数据增量的经典定义。掩膜方法之所以有效,是因为它有效地保留了插值方法中所不具备的数据分布,特别是在卷积神经网络的感知空间中。模型训练过程中每个卷积神经元通常一次仅编码来自一个输入的信息,在空间上彼此靠近的元素通常从同一数据点派生。

然而,模型很容易了解 CutMix 产生的方形掩膜,因为完美的水平和垂直伪像不太可能成为数据的显著特征。而 FMix 的掩膜方法可以增加蒙版的数量和复杂性,新颖特征的空间将变得比数据中本机特征的空间大得多。所以,FMix 的优势在于构建掩膜的混合样本增强方法,以最大化边缘形状的空间,同时保持局部一致性。

(2)基于 YOLOv5s-4det 算法的声屏障缺陷检测。

声屏障缺陷检测模型方面,选用了一阶段网络 YOLOv5s 作为基础图像检测模型。模型选用本身自带的 Mosaic 数据增强,自适应锚框计算和自适应图片缩放方式;Backbone 方面针对声屏障数据的多尺度问题选用了 Focus + BottleneckSCP 结构;Neck 部分针对声屏障数据的少样本问题选用了 FPN + PAN 结构;Prediction 部分选用了 GIOU_Loss 来优化检测框的回归效果。考虑到声屏障数据量和数据特征远远小于 YOLOv5 使用的公开数据集,选用大版本模型训练容易增加训练时长且会出现过拟合的问题,因此选择 YOLOv5s 版本。

进一步为解决提取声屏障多尺度小目标的图像数据特征困难的问题,本书提出 YOLOv5s 的改进模型 YOLOv5s-4det。其主要创新点是在原本的 head 部分增加了第四个检测分枝,在模型结构第 17 层后,继续对特征图进行上采样等处理,使得特征图尺寸继续扩大,以保留图像更多的底层信息;同时在第 20 层时,将获取到的大小为 160×160 的特征图与骨干网络中第 2 层特征图进行 Concat 融合,以此获取更大尺寸的特征图进行小目标检测。

改进后的 YOLOv5s-4det 模型网络结构图如图 3-35 所示。

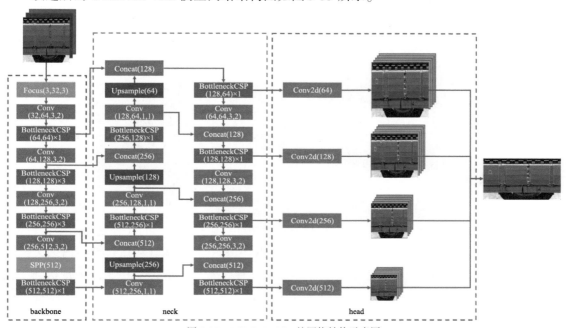

图 3-35 YOLOv5s-4det 的网络结构示意图

(3)铁路声屏障缺陷检测实例分析。

目前,声屏障检测类别一共有十种,分别为:单元板正常、单元板掉块、声屏障立柱正常、声屏障立柱歪斜、声屏障立柱锈蚀、螺栓正常、螺栓缺失、螺栓锈蚀、砂浆层正常和砂浆层老化劣化。模型实验结果见表 3-4。

YOLOv5s-4det 模型检测结果   表 3-4

检测内容	查准率(Precision)	查全率(Recall)	各类别识别精度(AP)
单元板正常	0.852	0.912	0.868
单元板掉块	0.579	0.85	0.742
声屏障立柱正常	0.923	1	0.989
声屏障立柱歪斜	0.765	1	0.995
声屏障立柱锈蚀	0.594	1	0.995
螺栓正常	0.54	0.986	0.986

检测内容	查准率(Precision)	查全率(Recall)	各类别识别精度(AP)
螺栓缺失	0.275	0.742	0.405
螺栓锈蚀	1	0.345	0.724
砂浆层正常	0.74	0.917	0.888
砂浆层老化劣化	0.334	1	0.398
平均精度(mAP)	—	—	0.799

算法检测结果如图 3-36 所示。

图 3-36　声屏障缺陷检测结果图

从 YOLOv5s-4det 模型检测结果可以看出,YOLOv5s-4det 算法针对这十种检测类型的召回率整体达到了一个较好的精度结果,其中声屏障立柱正常和声屏障立柱锈蚀更是达到了完全检测的效果。类别检测精度方面,声屏障立柱正常、声屏障立柱歪斜、声屏障立柱锈蚀和螺栓正常四种检测内容均达到 0.9 以上的检测精度。

3.5　铁路桥梁典型缺陷图像检测方法

铁路桥梁钢结构和高强度螺栓由于长期受风雨侵蚀,常常会存在锈蚀、缺失的情况,进而对桥梁的稳定性造成重大影响,且高强度螺栓的锈蚀会导致相关设备拆卸困难,对后期的安全管理造成极为巨大的负面影响。

我国铁路桥梁螺栓检测目前主要由人工进行,检测效率低、危险性大、视觉盲区多,尤其是对桥梁表面外侧的螺栓以及钢结构的检测,近距离检测困难,常出现漏检的情况。随着相关软硬件技术的发展,人工智能以深度学习的名字再次出现,受到广泛研究和应用,并多次出现在国务院发布的相关报告和规划当中。因此,采用无人机对桥梁检测过程中人工不易检测到的位置进行拍照,再利用 YOLOv5 算法学习图片中存在的缺陷数据,进而在实际情况下对桥梁螺栓以及钢结构的锈蚀情况进行技术巡检,为铁路运行提供更好的安全保障。

3.5.1 基于 YOLOv5 算法的铁路桥梁缺陷半自动标注

3.5.1.1 YOLOv5 网络结构

YOLOv5 的模型结构根据网络的层数和输出通道大小的不同,划分为四种结构网络,分别是 YOLOv5s、YOLOv5m、YOLOv5l 和 YOLOv5x。如图 3-37 所示,随着网络层数和输出通道的大小的递进,精度不断提升,但伴随的是速度的下降。

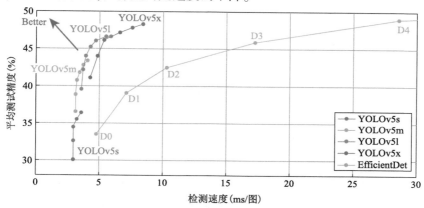

图 3-37　YOLOv5 不同网络结构的效果

(1)输入端。

①马赛克数据增强(Mosaic)。

YOLOv5 的输入端采用了 Mosaic 的方式,如图 3-38 所示。它会通过数据加载器传递每一批训练数据,并同时增强训练数据,增加数据量的同时也提高了对小目标检测的精度。

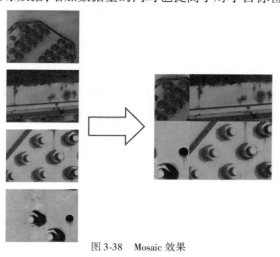

图 3-38　Mosaic 效果

②自适应锚框计算。

YOLOv5 在网络训练中,自适应地计算不同训练集中的最佳锚框值并输出预测框,进而和真实框进行比对,计算两者差距,再反向更新,迭代网络参数。

（2）骨干网络。

①聚焦模块。

相较前一版本,YLOLOv5 提出了聚焦模块。如图 3-39 所示,将输入图像数据切分为 4份,然后通过拼接模块在通道层进行拼接,最后进行卷积操作。聚焦模块拼接的是通道数,对每一特征下的信息没有影响,作用是减少层数降低计算量,提高训练速度,而不是提高平均精度均值。

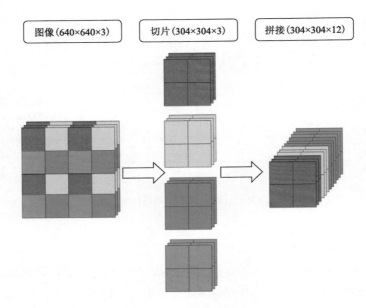

图 3-39　聚焦模块网络结构

②空间金字塔池化(Spatial Pyramid Pooling,SPP)。

YOLOv5 同样使用了 SPP 模块,SPP 模块由四个并行的分支构成,分别是卷积核大小为 5×5、9×9、13×13 的最大池化和一个跳跃连接。YOLOv5 通过 SPP 模块实现了局部特征和全局特征的融合,丰富了特征图的表达能力,从而提高多目标检测的精度。SPP 模块网络结构如图 3-40 所示。

（3）颈部(Neck)结构。

YOLOv5 的 Neck 结构网络如图 3-41 所示,与 YOLOv4 结构相同,仍然使用了特征金字塔网络(FPN) + 路径聚合网络(PAN)结构,但是 YOLOv4 的 Neck 结构只采用了普通的卷积操作,而 YOLOv5 借鉴跨阶段局部网络中的思想,增强了网络的特征融合能力。

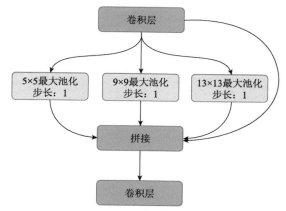

图 3-40　SPP 模块网络结构

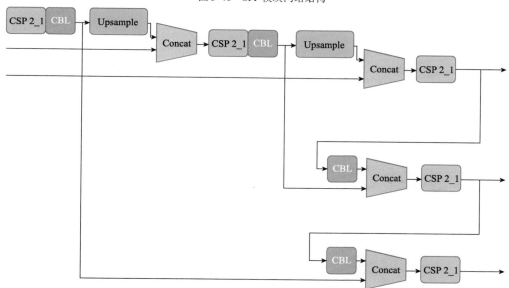

图 3-41　YOLOv5 的 Neck 结构网络

（4）输出端。

YOLOv5 采用了广义交并比作为损失函数,与一般的交并比只关注重叠区域不同,广义交并比不仅关注重叠区域,还关注其他的非重合区域,能更好地反映两者的重合度。

3.5.1.2　半自动标注算法流程及实现效果

由于数据量巨大,人工手动标注全部数据耗时耗力,因此同时开发了一种基于 YOLOv5 的桥梁钢结构缺陷半自动标注算法,进而减少人的不必要的工作量。首先用少量人工标注后的图片样本作为半自动标注模型训练图片,为确保自动标注的准确性和完整性,选择的图片应尽量包含数据集中各个类别以及不同环境条件的图片样本,再通过各种数据增强方式,扩充样本集图片数量,最后用训练完成后的模型权重对原数据集进行自动标注,并转化为相应的标注文件格式,流程如图 3-42 所示。

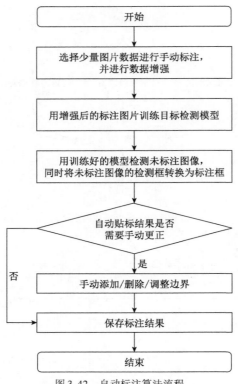

图 3-42　自动标注算法流程

自动标注算法可视化结果如图 3-43 所示。

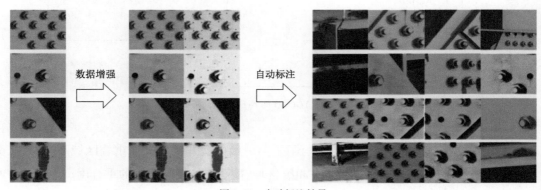

图 3-43　自动标注结果

3.5.2　基于 Ghost-YOLOv5 的桥梁缺陷检测方法

YOLOv5 算法是一种基于卷积神经网络的一阶段目标检测算法,采用回归的方法,没有复杂的框架,并且基于整张图片的信息进行预测,因此检测速度快,学到的图片特征也更通用。而基于 YOLOv5 改进的算法加入了重影瓶颈(Ghost Bottleneck)模块,在保证最终检测精度基本不变的条件下,同一类模型训练过程中占用的内存大幅减少。

（1）Ghost-YOLOv5 网络结构。

计算机设备的内存是有限的，导致一些大型的网络训练速度慢甚至无法训练，而在卷积神经网络的特征映射中，存在许多相似的特征映射对。因此，基于一组内在的特征映射，在一系列线性变换后，生成许多特征映射对，即原有特征的重影（Ghost），利用这些映射对揭示内在的特征信息。通过特征映射对建立了重影瓶颈模块，网络结构如图 3-44 所示。

重影瓶颈模块主要由两个堆叠的重影模块组成，第一个重影模块为增加通道数量的拓展层，第二个重影模块的作用是减少通道数，最后将两个重影模块的输入输出连接起来。

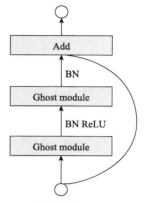

图 3-44　重影瓶颈（Ghost Bottleneck）网络结构

由于重影瓶颈模块在减少 GPU 占用率和减少模型参数方面有着巨大优势，因此考虑将其加入 YOLOv5 模型当中。Ghost-YOLOv5 网络结构如图 3-45 所示。

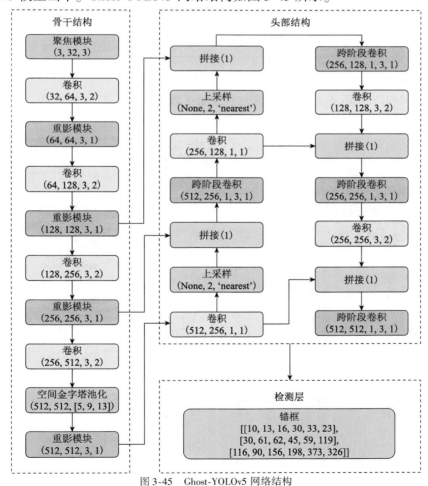

图 3-45　Ghost-YOLOv5 网络结构

（2）铁路桥梁缺陷检测实例分析。

由于 YOLOv5x 模型尺寸较大，本书比较了 YOLOv5x、YOLOv5m 和 YOLOv5l 三种模型以及它们各自在加入重影模块后的改进模型的检测精度、运行参数和内存使用情况。

对比结果表明，在本数据集钢材腐蚀缺陷等检测难度较大的类别中，加入重影模块后的检测精度略低于原始模型，但随着模型结构的增加，两者的差异逐渐减小。

总体而言，改进前后模型运行参数和数据量均显著降低，内存占用也显著降低，但检测数据的准确性基本保持不变，测试结果见表 3-5。

YOLOv5 及其改进的三种模型测试结果   表 3-5

项目	正常螺栓	螺栓缺失	螺栓锈蚀	钢材锈蚀	参数量	浮点运算数（×10⁹）	图像处理器内存占用
YOLOv5s	0.981	0.995	0.983	0.635	7263185	16.8	4.51G
YOLOv5s + Ghost	0.980	0.995	0.989	0.594	4709185	10.9	2.84G
YOLOv5m	0.977	0.954	0.983	0.674	9572945	23.2	6.53G
YOLOv5m + Ghost	0.972	0.995	0.985	0.656	7835953	18.4	3.83G
YOLOv5l	0.979	0.956	0.980	0.696	11882705	25.9	7.40G
YOLOv5l + Ghost	0.968	0.995	0.979	0.674	9671297	23.2	7.58G

对于本数据集下的模型训练比较，使用 YOLOv5m + Ghost 的模型更适合训练和检测。为方便标识和显示训练结果，0、1、2、3 分别表示螺栓正常、螺栓缺失、螺栓腐蚀、铁腐蚀，具体测试结果如图 3-46 所示。

图 3-46   YOLOv5m + Ghost 模型测试结果

3.6 铁路沿线环境图像激光数据智能检测分析方法

铁路运行环境中存在各类工民用建筑、自然植被、垃圾堆积等，覆盖范围大且场景复杂，在不利条件下，铁路运行环境中可能会出现火灾、异物入侵等灾害，影响铁路正常运营，造成人员伤亡和经济损失，且近年来发生的铁路安全事故中有较大一部分是由于运行环境灾害导致的，因此，实现对铁路运行环境的高效巡检并准确识别其中的危险及隐患对铁路运行安全保障至关重要。但是针对运行环境的巡检无法通过轨检车实现，只能使用人工巡检，此时，巡检效率低、巡检覆盖率不足的问题变得更加突出，因此，利用无人机对铁路线路及运行环境进行巡检检测也必将成为趋势。

3.6.1 基于 YOLACT 的铁路沿线周边环境异常检测方法

3.6.1.1 YOLACT 实例分割算法

在计算机视觉领域，目标检测已经达到了一个很高的水平，在保持一定精度的同时，检测速度降低到不到 10ms/图，许多工业规模的项目已经开始实施。然而，在实例分割领域，分割算法的掩码预测严重依赖于特征本地化，并通过"池化"本地化帧内的特征馈入掩码预测器，这是一种逻辑上串行的方法，难以实现加速。因此，将采用在一级网络基础上提出的实时全卷积实例分割模型 YOLACT。该模型在当前分割网络中具有最快的速度和异常的分割精度，并在掩码质量方面得到了优化。YOLACT 将实例分割任务分解为两行并行任务：①生成一系列独立的掩码；②将 Head 添加到目标检测分支，预测每个实例的掩码系数。最终经过 NMS（非极大值抑制算法）每个实例后，最终的预测掩码是两个分支结果的线性组合。通过对两个分支的输出进行 s 型函数和矩阵运算来合成掩码，如式（3-61）所示：

$$M = \sigma(PC^{\mathrm{T}}) \tag{3-61}$$

式中，P 为 $h \times w \times k$ 原型掩码的集合；C 为 $n \times k$ 系数的集合，n 为 NMS 过滤和阈值设置的实例数，k 为每个实例对应的掩码系数。此外，为了提高小目标的分割精度，该模型在推理过程中采用了一种优化分割精度的方法，即先根据预测帧对目标进行裁剪，然后对其进行阈值分割。在训练过程中，使用一个置信帧对目标进行裁剪，通过除以相应置信帧的面积来平衡损失尺度。

在损耗设计中，YOLACT 采用了掩码损耗、分类损耗和回归损耗的组合。分类损耗和回归损耗以 SSD 的损耗函数的形式出现。

掩码损失表现为预测掩码像素点与置信掩码像素点的二叉熵。此外,通过对输入图像进行最大特征映射后的 1×1 卷积核进行卷积运算,输出 c 通道的像素类无关的特征映射,并在 c 通道上独立运行 Sigmoid 进行损耗计算,优化了网络的训练。

对于网络,一个 ResNet-101 结合一个 FPN 被 YOLACT 使用以获得更丰富和更深的特性。默认的图像输入大小为 550×550。与原有的 ResNet 相比,YOLACT 设计了一个更轻的探测头来提高网络速度,并且不像 ResNet 那样使用焦损耗。此外,由于减少了池化操作,最终得到的掩码比两阶段类型的网络(如 Mask R-CNN)质量更高。

3.6.1.2　HrNet 与 FPN 介绍

(1)HrNet。

大多数获得高分辨率的方法都是基于先降后升的方法。U-Net、SegNet 和 DeconvNet 本质上就是这样的结构。而普通网络倾向于使用渐进下采样来连接不同分辨率的特征,HrNet 采用并行的方法,使特征映射始终保持高分辨率特征;并通过添加不同特征图之间的交互作用来融合不同尺度的特征层。

如图 3-47 所示,将网络划分为四个阶段,第一阶段为高分辨率卷积,后续阶段为多分辨率卷积。无人机图像均为大尺度图像,与遥感图像比较接近,将 YOLACT 原始主干更新到 HrNet 中,提高特征提取的效率。

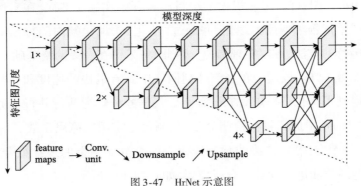

图 3-47　HrNet 示意图

(2)FPN。

在计算机视觉中,图像中往往存在不同大小的物体,不同的物体具有不同的特征。简单的物体可以用浅层特征来区分,复杂的物体可以用深层特征来区分。最早的图像金字塔是通过采样和滤波得到不同尺度的多幅图像,它在许多算法如尺度不变特征变换(Scale Invariant Feature Transform,SIFI)中都得到了广泛的应用。在深度学习的目标检测框架中,特征金字塔作为特征融合模块得到了广泛的应用。如图 3-48d)所示,FPN 将提取的每一卷积层的特征在常规 CNN 模型中自下而上地向上采用并叠加,在一张图像下生成更具表现力的多维特征。利用 FPN 层进行特征的骨干融合,在考虑速度的同时获得更丰富、更先进的特征。

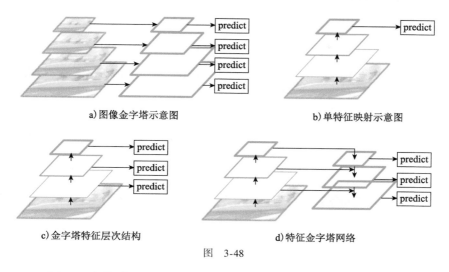

a)图像金字塔示意图   b)单特征映射示意图

c)金字塔特征层次结构   d)特征金字塔网络

图 3-48

3.6.1.3 现场环境异常检测结果分析

实验是在 Ubuntu 16.0 系统上使用 RTX2080Ti 显卡进行的。由于使用单个 GPU 进行训练,所以将 batch_size 调整为 4。实验训练阶段总训练步数为 55 万步,基础学习率为 0.001,采用分段常数衰减法,lr_steps = (100000,2500000,500000),衰减因子为 0.1,即在 10000 步时,学习率为 0.0001,在 25 万步时,学习速率再次衰减到之前速率的十分之一。

训练完成后,使用 mAP 的评价指标对训练模型进行评价,AP 是一类检测对象的平均精确度值,mAP 是每一类的 AP 值的平均值。

$$\text{Precision} = \frac{TP}{TP + FP} \times 100\% \tag{3-62}$$

$$\text{Recall} = \frac{TP}{TP + FN} \times 100\% \tag{3-63}$$

$$\int_0^1 P(R)\,\mathrm{d}R \tag{3-64}$$

式中,TP(True Positive)为正确分类的阳性样本数量;FP(False Positive)为错误分类阳性样本的数量;FN(False Negative)为错误分类的阴性样本数量;TN(True Negative)为正确分类的阴性样本数量。在这个实验中,班级为 10 个,训练迭代为 55 万次。当 IoU = 0.5 时,Box mAP = 80.89,Mask mAP = 72.73。

图 3-49、图 3-50 所示为培训过程中所有损失结果的可视化图。图上记录了所有损失函数在训练过程中的收敛情况,其中,B-Box 损失是回归损失,Class 损失是分类损失,Mask 损失是像素分割损失,Score 损失是置信度丧失,总损失函数则通过上述四类损失加和得到。从图中可以看出,损失拟合相对稳定,下降速度较快,在总共 10 万步的情况下,各类损失已经非常平稳。

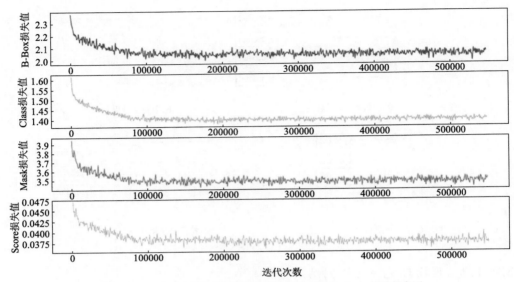

图 3-49　训练过程 B-Box 损失、Class 损失、Mask 损失、Score 损失拟合图

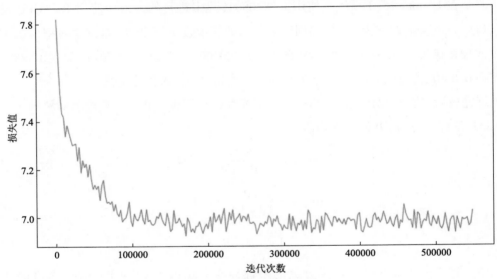

图 3-50　训练过程中总损失拟合图

在 batch_size 为 4,实验训练总步数为 55 万步,基础学习率为 0.001,lr_steps =(100000,2500000,500000),衰落因子为 0.1 的条件下,使用 Mask R-CNN 对数据进行同时训练。对比结果见表 3-6,其中 B-Box mAP 为目标检测的平均 AP 值;Mask mAP 为目标掩码的平均 AP 值。

训练结果比较　　　　　　　　　　　　　　　　　　　表 3-6

网络模型	B-Box mAP	Mask mAP
YOLACT	70.34	60.48
Improved YOLACT	80.89	72.73
Mask RCNN	79.05	67.59

实验结果表明,虽然 YOLACT 和 Mask R-CNN 在效果上差别不大,但作为一级网络,YOLACT 在检测速度上有非常明显的优势,更有利于在实际工程中应用。下面给出了对象示例部分分割结果的示意图,如图 3-51 所示。图中各类房屋的屋顶面积均采用掩膜进行了标记,并针对不同的实例对象使用了不同的颜色加以区分,如图中的橙色、粉色、蓝色和绿色等,即表示对各类房屋进行了精准的识别和标记。

图 3-51 测试结果

3.6.2 基于激光点云的铁路沿线环境异常检测方法

现有的点云处理算法已经支持直接从点云数据中检测并提取对象,并能够取得良好的效果,且点云数据中蕴含的三维信息可直接用于体积及距离计算,不需要额外的处理。因此,以点云数据为基础进行铁路运行环境异常识别,主要包括点云数据的各类处理方法及基于点云的异常识别方法。

3.6.2.1 铁路沿线环境无人机巡检点云数据分析

点云是以离散且不规则的方式分布在三维空间中的海量点集合,一般可包括位置、距离、强度等信息,与图像数据相比,点云数据在内容、形式等多方面具有其自身的特点,不同采集方式获得的点云也具有不同的特点。

点云的特点主要有:

①由点云获取方式可知,点云是分布在目标表面的一系列三维点,由于激光雷达或深度相机等采集设备穿透力有限,点云数据反映的也基本是目标表面的情况,无法准确反映物体内部的信息。

②点云数据是离散的,这体现为点云中数据点的位置、相互间的间隔等在点云空间中分布

是不规则的。

③点云数据分布不均匀,一般而言,采样区域距离激光雷达越远,点密度越低,距离越近,点密度越高,同时点云中还可能出现物体相互遮挡带来的空洞。

④点云数据可以直接测量,获取扫描对象对应的所有点的坐标、点间距离、对象表面法向量甚至颜色等信息,基于上述信息可进一步计算对象的体积及表面积。

⑤点云具有旋转不变性,即三维旋转与平移不会影响点云特征的表达。

⑥点云具有无序性,即难以获得点云数据的结构化表达,这使得基于深度学习的方法在点云处理应用上十分困难,相对的,图像数据像素紧密排列并可直接转化为矩阵处理。

⑦点云存在噪声,由于数据采集过程中设备、人为操作、环境等出现异常,获得的点云中通常会存在一定量的离群点与冗余点,需要清除。

图 3-52 展示了使用搭建的铁路运行环境无人机巡检系统在现场实验中单次巡检采集到的点云数据整体及部分细节信息。图 3-53 展示了两个大尺度点云标准数据集,其中 S3DIS 数据集主要用于点云语义分割,数据由 RGB 图像与深度图生成,场景为室内;KITTI 则是用于自动驾驶领域,数据由车载 64 线激光雷达采集,场景包括城市道路、乡村道路等。通过对比发现,无人机巡检系统采集到的点云数据具有很多明显的特点。

a)点云整体 b)轨道及下穿道路 c)铁塔 d)建筑

图 3-52　现场实验采集点云示意图

 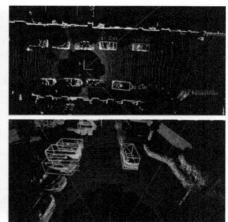

a) S3DIS数据集　　　　　　　　　　　b) KITTI数据集

图 3-53　标准数据集示意图

①覆盖范围大,设计的巡检系统在100m航高的情况下,机载激光雷达单次巡检可以覆盖约0.5km²的范围,两侧覆盖宽度可达450m以上,相比之下,车载激光雷达受限于汽车高度与雷达测量距离,只能获得道路两侧较近距离内物体的数据。

②数据量大、点密度高,搭建的无人机巡检系统单次巡检采集的点云数据量约为5×10^8个,点密度约为$1 \times 10^3 \frac{pts}{m^2}$,相比之下,S3DIS数据集中单个点云的点数量从几万个到几百万个不等,但是都远低于使用的点云。

③各类主要研究对象在整个场景中的分布很稀疏,且属于主要研究对象类别的数据占比很小,占数据大部分的是扫描地面、树林、杂草灌木等对象获得的数据点,这就产生了小样本问题。图3-52展示场景中各类对象的数据占比见表3-7,可以看到其中垃圾堆积的数据量占比不到百分之一,需要在算法处理阶段使用合理的方法加以解决。

各类点数量统计

表 3-7

类别	轨道	建筑	垃圾堆积	铁塔	地面	树木	其他
数量	5913473	4986457	213825	146249	18406253	14080151	6328560
占比(%)	11.81	9.96	0.43	0.29	36.76	28.12	12.64

④数据较复杂,数据复杂一方面是因为铁路运行环境中存在轨道、建筑、垃圾堆积、铁塔、树木以及杂草灌木等多类对象;另一方面体现在获取的点云数据中存在大量的离群点及冗余点,会对算法造成干扰。

从上述分析可以看出,机载激光雷达点云数据含有丰富的几何信息,同时具有覆盖范围广、数据量大、数据复杂、有效信息占比小等特点。因此,在后续处理中应该首先对数据进行精炼及简化,剔除其中的噪声点,之后要着力于提升算法的特征提取能力并设法克服小样本问题带来的影响。详细数据处理流程如图 3-54 所示。

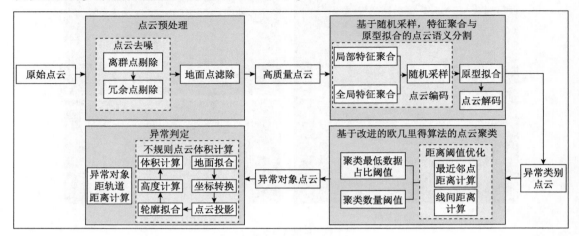

图 3-54　点云处理流程

3.6.2.2　机载激光雷达点云数据预处理

（1）点云噪声去除。

机载激光雷达在扫描时会受到各种因素影响，致使点云数据出现大量的噪声点，这些因素包括无人机飞行过程中受气流影响导致的抖动、云台不稳定、操作人员操作失误、飞鸟等异物遮挡、扫描不充分等。由于点云数据自身具有离散性，因此很难通过通用的方法进行区分，需要专门处理。主要考虑以下两类噪声：

a. 离群点：离群点是最典型的点云噪声点，主要指远离点云主体的稀疏点或小块点云。这类点云与主体点云基本没有关联，蕴含的信息也较少，但是对算法的干扰很大。

b. 冗余点：在本书中，冗余点主要指重复扫描同一区域产生的冗余数据，或点云拼接后在重叠区域有过高的点密度，除了上述原因，对扫描区域边缘的对象扫描不充分也会导致冗余点的出现。

不同类型的噪声点具有不同的特点，仅使用一种方法去噪效果不理想，应该对不同类型的噪声区别对待，针对性地采取不同方法进行处理。

①离群点去除。

相较于主体点云，离群点具有稀疏的特性，离群点之间的距离远大于主体点云中点的距离，因此采用基于统计的离群点去除方法对其进行处理。该方法的基本思想是通过采样点与近邻点的距离的统计学特征来判断该采样点是否是离群点，因此该方法首先应该寻找每个采样点的邻域点，由于点云具有无序性，所以首先通过建立点云的空间索引来表明点云间的空间拓扑关系，常见的索引包括八叉树（OcTree）、K-D 树（K-Dimensional Tree）。

K-D 树是二叉树（Binary Tree）在多维空间上的拓展，大致步骤如下：

a. 点云处于三维欧几里得空间中,具有 x、y、z 三个维度,首先分别计算三个维度上坐标值的方差,由于方差最大的坐标维度可认为离散度最大,所以将该维度作为初始分割维度。

b. 初始分割维度确定后,选择初始的切割点,即 K-D 树的根节点,在其中选择初始维度坐标值的平均值,该值可以通过对点云进行随机采样获得的子集计算。

c. 选择初始维度及根节点后,将初始维度上坐标值大于根节点的点放到右子树中,小于该值的点放到左子树。

d. 进行第二次分割,选择方差第二大的维度作为分割维度,分别对上一次分割生成的左子树与右子树进行分割,按照同样的方法选择左、右子树的分割值,此时左、右子树又可以在新维度上生成两个新的子树。

e. 进行第三次分割,此时选择最后一个尚未分割的维度作为分割维度,按照同样的方法对之前生成的若干子树进行分割。

f. 重复第 c、d、e 步,直到全部点云分割完成为止。

建立点云的 K-D 树之后,点云的拓扑结构也就建立,通过 K-D 树可以快速获得点云中任意点的 K 个近邻点,点云中点与其 K 个近邻点间的相互关系是点云处理的关键之一。

基于统计的离群点去除方法。首先计算点云中每点与其 K 个近邻点之间的距离的平均值,该平均距离在统计上通常近似呈高斯分布,可以根据该高斯分布将邻域平均距离大于某一阈值的点视为离群点进行剔除,因为距离阈值可根据高斯分布的均值及标准差进行设置,所以该方法具有较好的自适应性。

基于统计的离群点去除具体过程如下:

a. 通过 K-D 树算法构建点云的空间拓扑结构,并查询每个点的 K 邻域。

b. 定义点 p_i 的 K 个邻域点集为 $P_i = \{p_1, p_2, \cdots, p_i, \cdots p_k\}$,$P_i \in R^3$,照下式计算邻域点集中所有点到 p_i 的距离的平均值:

$$D_i = \frac{1}{k} \sum_{j=1}^{k} \mathrm{dis}(p_j, p_i) \tag{3-65}$$

c. 此时得到的平均距离符合高斯分布,均值为 μ,标准差为 δ,均值和标准差计算方式如下式:

$$\mu = \frac{1}{n} \sum_{i \in n} D_i \tag{3-66}$$

$$\delta = \sqrt{\frac{1}{n} \sum_{i \in n} (D_i - M)^2} \tag{3-67}$$

d. 设定标准差倍数 λ,通过该倍数并按下式计算距离阈值,如果某点距其近邻点的平均距离大于阈值,则将其识别为离群点,进行剔除。

$$d = \mu + \lambda\delta \tag{3-68}$$

按照上述方法对现场采集到的某个点云进行离群点去除实验,效果如图 3-55 所示。可以看出该算法的去除效果很好,基本剔除了所有离群点。

a)去除前   b)去除后

图 3-55 离群点去除结果

②冗余点去除。

使用的点云中冗余点有两个主要来源,一是扫描区域边缘未充分扫描产生的冗余,这部分点与离群点较类似,二是点云拼接导致重叠部分出现冗余。对于不同来源的冗余点,应采取不同的处理方法,扫描区域边缘未充分扫描的部分点密度较低,仍然具有稀疏的特性,因此同样采用基于统计的方法进行去除。点云拼接产生的冗余点则具有密集的特性,相邻冗余点间距离远小于正常点云,因此通过设置最小距离阈值来识别冗余点并剔除,具体步骤如下:

a. 使用 K-D 树算法建立点云数据的拓扑结构,并寻找每个点的最近邻点;

b. 计算每个点与其最近邻点的距离 D_i;

c. 剔除所有与最近邻点距离小于距离阈值的点;

d. 重复 b、c 步直到不存在与最近邻点距离小于距离阈值的点。

以该方法进行冗余点去除,统计原始点云中点的数量及去除冗余点后点云中点的数量,结果见表 3-8。

冗余点去除结果   表 3-8

项目	原始点云	冗余点	非冗余点
点数(个)	50074968	547127	49527841
占比(%)	100	1.093	98.907

(2)地面点滤波。

巡检系统采集得到的点云数据中,有很大一部分是对地面进行扫描获得的,这部分数据被称为地面点。在铁路运行环境异常识别时,需要以地面点数据为基础,因此,获得完整且正确的地面点数据十分重要。地面点具有数据量大、位于点云底部的特点,在平坦地区采集到的点云数据甚至基本位于同一平面,因此通过传统方法提取也能取得较好的效果。提取地面点后的点云复杂度将会大大降低,且数据标注会更加容易,因此,先通过传统的地面点滤波方法进行地面点提取。在开源算法中,布料模拟滤波(Cloth Simulation Filter,CSF)算法对机载激光雷达采集的野外场景点云数据地面点滤波效果最好,也选择该算法进行地面点滤波。CSF 算法主要步骤如下:

①去除点云数据中的离群点并反转点云;

②初始化布料格网,并设置格网大小;

③将所有点与格网粒子投影到同一平面,并找到每一个粒子的最近邻点,记录其原始高程;

④对于每一个可移动的格网粒子,计算其受模拟的重力影响产生的位移,并将当前粒子高度与对应最近邻点的原始高程进行比较,如果粒子的高度低于或者等于该原始高程,则把粒子变更为不可移动点,并将其高度设置为最近邻点的原始高程;

⑤对于每个格网粒子,计算其受其他因素影响产生的位移;

⑥重复④、⑤步骤,直至所有粒子的最大高程变化足够小或达到最大迭代次数;

⑦计算点云中点与最近邻格网粒子间高程差异并区分地面点与非地面点,如果点云中的点与模拟格网粒子之间的距离小于阈值,则认为该点属于地面点,否则认为该点属于非地面点。

其中,格网粒子受重力及其他内外部因素产生的位移有专门的方法进行计算,在此不做赘述。总而言之,该方法通过模拟布料覆盖在翻转点云上方实现了地面点滤波,通过该算法对现场采集数据进行滤波,效果如图 3-56 所示。

a)非地面点　　　　　　　　　　　　　　　b)地面点

图 3-56　地面点滤除效果

3.6.2.3 基于随机采样-特征聚合-原型拟合的大尺度点云语义分割算法

基于现有的大尺度点云语义分割算法 RandLA-Net,本书提出了一种适用于铁路运行环境无人机巡检机载激光雷达点云数据的语义分割算法。该算法使用随机采样方法进行数据降采样,使得算法有能力直接对大尺度点云进行处理,并通过一种能同时提取局部特征与全局特征的特征聚合模块来避免随机采样造成的信息损失问题。针对现场数据存在的小样本问题,本书提出了一种原型拟合模块,可以有效提升算法在小样本类别上的表现。

(1)算法结构。

大尺度点云语义分割网络采用经典的编码器-解码器结构,输入点云数据的特征通过共享的多层感知机提取,并在四个编码层与四个解码层中被学习,之后使用三个全连接层来预测点云中每点的语义标签,网络结构如图 3-57 所示。(N, d_{in}) 表示输入点云中点的数量及其原始特征维度,原始特征包括 x、y、z 坐标、RGB 值以及强度值等,在本模型中为点的 x、y、z 坐标与强度信息,因此 d_i 为 4。输入点云经过第一个全连接层(Fully Connected,FC)进行特征提取后,特征维度从 4 维增长到 8 维。接下来点云进入编码层,在每一个编码层中,点云首先通过特征聚合模块(Feature Aggregation,FA)进行特征提取,在此期间,点云特征维度成倍增长,特征聚合后使用随机采样(Random Sample,RS)进行点云降采样。经过四次编码层操作之后,点云特征被充分提取,并进入特别设计的原型拟合模块(Feature Prototype Fitting,FPF)进行处理,该模块专门针对小样本问题设计,可以以相同的尺度存储所有类别的特征,不受样本量的影响。在解码层中,点云继续通过共享的多层感知机进行处理,并对特征进行降维,同时做上采样(Upsample,US)处理。解码层后是三个全连接层,用于获取点云的语义信息,DP 表示全连接层中的 Dropout 操作,可以随机丢弃全连接层中的一些连接,主要用于防止过拟合。最后输出一个 $(N, 7)$ 的点云,每个点的信息包括其原始的 x、y、z 坐标信息、预测类别信息以及与类别信息对应的特定的 RGB 信息,共 7 个维度。

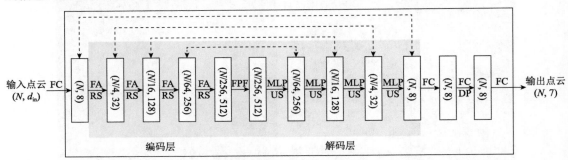

图 3-57 大尺度点云语义分割网络

算法选择随机采样的原因如下:为了获得数据特征的正确表达,深度学习模型中的特征维度通常高达数百维,最高可达 512 维。对于含有 N 个点的点云,在某次特征提取中获得的特征可简要表示为(N_i,C_i),特征总数就是$N_i \times C_i$。如果在特征提取时保持点的数量不变,那么当特征维度逐渐变大时,算法需要的内存空间与处理时间也将增加,对于百万点级的点云数据,直接进行处理需要的内存资源与计算时间是不可想象的,因此有必要在处理过程中对点云进行降采样。常用的降采样方法有最远点采样(Farthest Point Sampling,FPS)与随机采样等,这两种采样方法各有优势,需要结合数据及需求进行选择。最远点采样的优点在于能够保证对于点云的均匀采样,该方法在 PointNet + + 、PointConv 等基于深度学习的点云分割算法中都有应用。基本原理如下:

①设输入点云中点数量为N,在输入点云中随机选择一点P_0作为起始点,记采样点集合为S,此时$S = \{P_0\}, S \in R^3$;

②计算点云中所有点到P_0的距离,从中选择与P_0距离最远的点,记为P_1,更新采样点集合$S = \{P_0, P_1\}, S \in R^3$;

③计算未采样点到点集S中每一个点的距离,构成一个$N_i \times L_i$的矩阵,其中N_i表示未选择的点数量,L_i表示点集S中的点数量,对于未被选择的剩余点,以到点集S中每一点的距离的最小值作为该点到点集S的距离,再选择距点集距离最远的点作为采样点并更新点集S,即先求距离矩阵中每一行的最小值,形成一个$N_i \times 1$的数组,再选择该数组中最大值对应的点作为采样点;

④重复③,直到达到目标采样数量。

随机采样则是最简单、最快速的一种采样方法,只需要在待采样点云中随机选择足够数量的点即可,但是这种方法会存在信息丢失的问题。

对于这两种方法,最远点采样在适度采样后仍然能够保持点云信息的完整性,但是问题在于采样耗时太长,使用最远点采样将10^6级别的点云采样到百分之十需要花费200s时间,对于研究的10^8级别的点云,这种速度显然无法接受,采样耗时过长也正是现阶段大部分点云目标检测或语义分割算法单次只能处理小规模点云的主要原因。与最远点采样相比,随机采样在同样的采样要求下对10^6级别的点云完成采样只需要10^{-2}s,采样速度具有明显优势,可以在可接受的时间范围内完成点云的采样操作,对大尺度点云而言是更好的选择。

随机采样的问题在于采样时容易丢失点云中某些关键部分,存在信息缺失的隐患。如果能够通过某种方法使得点云中的每一点都带有其领域的特征,那么即使随机采样时丢失了部分点,关键信息也仍然存在。为此,本方法使用了一种特别设计的特征聚合模块(FA),能够聚合点云的局部特征与全局特征。该模块具体结构如图3-58所示。

在第一个编码层中,该模块的输入是经过 MLP 处理后的8维点云特征,在后续编码层中的输入则是之前编码层获得的高维聚合特征。点云特征输入后,首先经过共享权重的多层感知机进行处理,处理后和输入点云的原始x、y、z坐标一起进行局部空间编码(Local Spatial Encoding,

LocSE)与基于注意力的池化(Attentive Pooling)。局部空间编码和基于注意力的池化原理如下：

①对于输入为$(N,3+d)$的点云中的任一点n_i,记其x、y、z坐标为p_i,通过 K-D 树查找其k个近邻点,并获取每个近邻点的x、y、z坐标,记为$P_i^k=\{p_i^1,p_i^2,\cdots,p_i^k\}$,$P_i^k\in R^3$,获取每个近邻点的输入特征,记为$F_i^k=\{f_i^1,f_i^2,\cdots,f_i^k\}$,$F_i^k\in R^d$;

②按式(3-69)计算近邻点中任一点相对于中心点n_i的空间位置特征,其中$\oplus$表示拼接(Concatenate)操作,$\|\cdot\|$表示计算欧式距离,MLP$(\cdot)$是一个多层感知机;

$$r_i^k=\mathrm{MLP}(p_i\oplus p_i^k\oplus(p_i-p_i^k)\oplus\|p_i-p_i^k\|) \tag{3-69}$$

③将r_i^k与f_i^k拼接起来,得到任一近邻点的增强的特征$\hat{f}_i^k$,该特征除了其原有的特征之外还包含了相对于中心点n_i的空间位置信息;

④对n_i的所有近邻点进行②、③中的计算,即可获得增强的n_i的邻域特征$\hat{F}_i^k$,大小为$(k,2d)$,至此对点n_i的局部空间编码完成;

⑤基于注意力机制的池化操作通过一个多层感知机自主学习获得一个大小为$(k,2d)$特征权重矩阵S_i^k,S_i^k代表了模型对$\hat{F}_i^k$中特征重要程度的判断,可以辨别哪些特征更加重要,将二者点乘并在k所属维度上求和,可获得最终的点n_i的邻域特征,大小为$(1,2d)$。基于注意力机制的池化操作在计算方式上类似于求加权和,相比于常见的最大池化与平均池化,此种方种更加灵活合理。

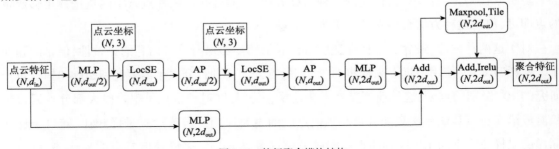

图 3-58　特征聚合模块结构

重复两次局部空间编码与基于注意力机制的池化操作后,点云中每点的邻域特征被完全聚合,之后将该邻域特征与多层感知机处理后的点云自身特征相加,即完成了点云局部特征的聚合。点云的全局特征通过对局部特征进行最大池化操作获得。

由于点云中不同类别的点的数量不同,模型在训练时更多的是学习到数量占比更大的类别的特征,小样本类别的特征容易被掩盖。考虑到相同类别的点云在特征上会存在一定的共同点,如果可以使用一个特定的模块来存储不同类别点云的特征原型,并通过该模块对模型学习到的点的原始特征进行调整,那么点云数据上的小样本问题有望得到改善。基于上述思想,设计了一个用于存储并拟合不同类别点云特征原型的模块,该模块结构如图3-59所示。

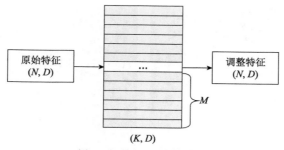

图 3-59　特征原型拟合模块

该拟合模块可被视为一个 $K \times D$ 的矩阵,其中 D 是输入的点云特征维度,K 表示该模块中的原型数量,K 可由下式计算:

$$K = C \times M \tag{3-70}$$

式中,C 表示类别数;M 表示每个类别具有的原型数量,在实验中 M 被设为 6。进行如此设置的原因是,考虑到同一类别的对象之间也会存在差异,因此单一类别也应存在多个原型。在实际训练中,所有原型被随机初始化并视作变量,可以在训练过程中不断优化。编码层提取的点云特征进入该模块后,通过下式进行调整:

$$\hat{f}_i = \lambda f_i + \mu \sum_{j=1}^{M} \omega_{ij} m_j \tag{3-71}$$

式中,f_i 表示输入中某点的原始特征;$\hat{f}_i$ 表示调整后的特征;m_j 是模块中的该类的某一个特征原型;λ、μ 表示两个权重系数,用来确定原始特征与特征原型的各自占比;ω_{ij} 通过判断原始特征与特征原型之间的差异来为特征原型赋予权重,可通过下式计算:

$$\omega_{ij} = \frac{\exp(d(f_i, m_j))}{\sum\limits_{j=1}^{M} \exp(d(f_i, m_j))} \tag{3-72}$$

式中,$d(\cdot)$ 表示计算两向量间的余弦距离,可用于判断两向量的相似程度。

在解码层中,主要通过多层感知机和上采样操作逐渐降低特征维度并还原点云。

(2)点云语义分割算法实验验证。

首先使用现场采集的数据建立数据集,数据通过 Cloud Compare 软件进行标注,标注类别包括轨道、建筑、垃圾堆积、树木、通信铁塔、地面和其他七类,其中前三类是的主要研究对象,后四类是考虑到后续可能进一步增加研究对象以及精细标注可提高分割精度。值得一提的是,在标注时,轨道点云以接触网支柱为界限,不包括路堤或路堑。标注完成后将部分区域划分为验证集,其他区域设为训练集。验证集中部分类别的标注效果如图 3-60 所示,其中紫色为轨道点云,褐色为建筑点云,红色为垃圾堆积点云,蓝色为树木点云,金黄色为通信铁塔点云。

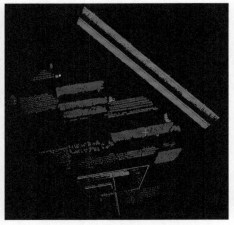

a) 验证集原始点云   b) 验证集标注点云

图 3-60   验证集中部分类别标注效果

使用自建数据集对算法进行验证,算法部署在 Ubuntu16.04 操作系统上,使用的深度学习框架为 Tensorflow1.11.0。硬件方面,CPU 为八核 Intel Xeon E5-2630 v4,内存 48G,GPU 为 Nvidia Tesla P100,显存 16G。算法使用的一系列超参数设置见表 3-9。

点云语义分割实验超参数   表 3-9

超参数	值	超参数	值
初始学习率	1×10^{-2}	批次大小	40960
训练周期	100 次	近邻点数量	16 个
学习率衰减率	0.95%	降采样率	(4,4,4,4)

其中学习率的设置对模型训练效果影响很大,是一个非常重要的参数,如果设置过小,会导致收敛过慢,设置过大则会导致训练不稳定难以收敛。在实验中,初始学习率设置较大,随着训练的进行会逐渐衰减,近邻点数量主要用于局部空间编码时进行近邻点搜索,批次大小表示单次输入模型进行训练的点的数量。

实验的量化评价指标有三个:第一个是总准确率(Overall Accuracy,OA),第二个是单类交并比(per-class IoU),第三个是平均交并比(mean IoU,mIoU)。在计算方法上,总准确率计算比较简单,只需要计算分类正确的点占总数的比例即可。如图 3-61 所示,交并比通过预测结果与真实结果的交集与并集之比计算,计算方法见式(3-73)。平均交并比通过对各类交并比求均值获得。

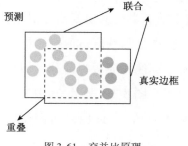

图 3-61   交并比原理

$$IoU = \frac{重叠区域面积大小}{联合区域面积大小} \qquad (3-73)$$

下面给出算法在自建数据集上的量化结果,并与近几年提出的效果较好的点云语义分割算法进行对比,实验结果见表 3-10,其中后三列是不同类别的单类 IoU(%)。

实验量化结果　　　　　　　　　　　　　　　　　　　　表 3-10

分割算法	OA（%）	mIoU（%）	轨道 IoU（%）	建筑 IoU（%）	垃圾堆积 IoU（%）
SPG	0.854	48.75	86.58	41.33	18.35
PointWeb	0.896	64.72	90.40	58.71	45.05
PointCNN	0.887	62.21	91.23	55.92	39.49
RandLA – Net	0.901	64.97	89.36	62.87	42.69
本书设计算法	0.917	75.11	94.53	75.47	55.33

从表 3-10 可以看出,本书提出的算法在轨道、建筑和垃圾堆积三类的分割效果上都有良好表现,相较于现有算法有较大提升,特别是在样本量较少的建筑和垃圾堆积两类上提升效果显著。

为了验证特征聚合模块与原型拟合的效果,本书还进行了消融实验,实验结果见表 3-11。从表中可以看出,相较于原始模型,两种改进方法对模型效果都有一定程度的提升,当两种改进方法同时使用时优化效果达到最佳。

消融实验　　　　　　　　　　　　　　　　　　　　　　表 3-11

特征聚合	原型拟合	OA	mIoU（%）
×	×	0.901	64.97
×	√	0.912	70.33
√	×	0.909	69.62
√	√	0.917	75.11

图 3-62 ~ 图 3-64 展示了算法在主要研究对象上的可视化分割结果。为了更好地观察细节,按高度对垃圾堆积分割结果进行了渲染。

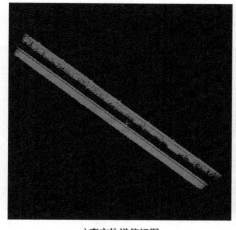 

a)真实轨道俯视图　　　　　　　　　　　　　　b)分割轨道俯视图

图　3-62

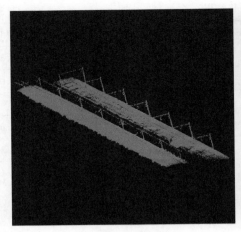 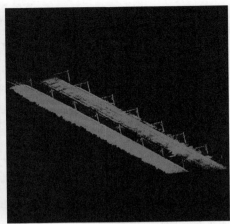

c) 真实轨道侧视图   d) 分割轨道侧视图

图 3-62　轨道可视化分割结果

a) 真值   b) 分割结果

图 3-63　建筑分割可视化结果

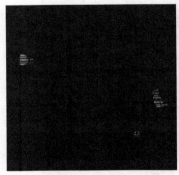  

a) 真值   b) 算法分割结果   c) RandLA-Net分割结果

图 3-64　垃圾堆积分割可视化结果

从图 3-62 可以看出,算法在轨道的分割上比较成功,特别是内侧轨道的分割结果和真实情况基本没有差异,分析后认为主要原因在于该轨道靠近无人机航线,所以点密度较大,同时受到的遮挡较少,生成的点云比较规则。相较之下,外侧轨道由于受到遮挡较多及距离较远的原因,点云较稀疏且边缘不规则,导致分割结果相对较差。

从图 3-63 可视化结果可以看出,虽然数据量较少,但是算法对建筑物的分割结果仍然很好,符合实际,这是因为建筑物自身形状较规则,特征容易学习。

相对于其他类别,垃圾堆积样本量最少,且形状基本没有规律可循,因此垃圾堆积的分割难度最大。从图 3-64 可以看出,RandLA-Net 算法在分割时遗漏了两个较小的对象,只检出了覆盖范围最大的对象。而本书提出的算法实现了全部检出,在分割精度上也明显高于 RandLA-Net 算法,体现出算法的优越性。

3.6.2.4 基于改进的欧几里得算法的点云聚类

经过语义分割算法处理后,点云中属于同一类别的点被分割出来,但是还需要做进一步的聚类处理才能获得具体的对象。点云聚类也属于点云分割范畴,常用的聚类方法及其基本原理见表 3-12。

常用聚类方法及其基本原理 表 3-12

聚类方法	基本原理	聚类方法	基本原理
RANSAC 算法	基于随机采样一致性进行聚类	DBSCAN 算法	基于点云密度进行聚类
区域生长算法	基于点的法向量或曲率进行聚类	Nerve net 算法	基于给定的模型进行聚类
基于颜色的算法	基于点的颜色进行聚类	欧几里得算法	基于欧几里得距离进行聚类
DoN 算法	基于点的法向量差进行聚类		

在对现场采集数据进行分析时,发现属于主要研究对象的点云在场景中分布稀疏。另一方面,使用语义分割分离掉地面点等不相干点之后,属于各类主要对象的点云在空间中会呈现浮空分离状,因此使用欧几里得算法进行语义分割后点云的聚类可以取得较好的效果。传统的欧几里得算法以点云间的欧几里得距离为判断标准进行聚类,大致流程如下:

①使用 K-D 树建立点云的空间拓扑结构;

②进行第一次聚类,按照如下步骤进行:

a. 建立一个新的聚类集合 Q_1;

b. 从点云中随机选择一个点 p_{10},使用 K-D 树搜寻 p_{10} 的 k 个近邻点,记为 p_{10}^k,计算这些近邻点与 p_{10} 的距离,将 p_{10} 与距离小于阈值 r 的点放入 Q_1;

c. 在 Q_1 中任选一个 p_{10} 以外的点,重复步骤 b,但是此时仅将不在 Q_1 中的点放入集合;

d. 按照步骤 b、步骤 c 中的方法不断查找满足距离要求的点,直到 Q_1 中无法加入新的点,则该次聚类完成;

③对尚未完成聚类的点不断重复步骤②,直到点云中的所有点完成聚类。

通过上述方法可以实现基于欧几里得距离的点云聚类,但是该方法存在一个弊端,即难以确定合适的距离阈值 r。如果该阈值设置过小,则会出现聚类过度的情况,即原本属于同一对象的点云被聚类为多类,这种情况较为常见;如果阈值设置过大,会将属于不同对象的点云划分为同一类。这个问题的一种常见解决思路是计算点云中每点与其最近邻点的距离,之后求该距离的均值,通过该均值来确定阈值 r 的值,但是这种思路对线式激光采集到的点云数据并

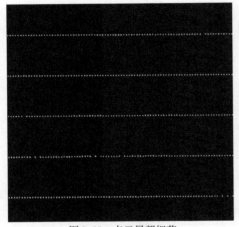

图 3-65　点云局部细节

不适用。以使用的 32 线激光雷达采集得到的数据为例,点云数据局部细节如图 3-65 所示。可以看出,点云中的点呈线性分布,且两线之间的距离远大于同线上两点之间的距离,这意味着点云中任一点与其最近邻点之间的距离的均值只能反映同线上两点之间的距离特征,不能体现不同线之间的距离分布,因此只使用距离均值作为阈值设定参考是不合理的。具体到使用的数据,同一线上的点的 y 坐标值完全相同,任一点与其最近邻点的距离通过两点的 x、z 坐标的差值计算得到。

基于以上分析,本书提出了一种改进的阈值 r 的计算方法,如下式所示:

$$r = \lambda d_i + \mu \sigma_y \tag{3-74}$$

式中,d_i 表示点云中所有点与其最近邻点距离的均值;λ 与 μ 表示权重系数;σ_y 表示点云中两线之间的平均距离。σ_y 通过下列方法计算:

①提取所有点的 y 坐标值,并创建集合 S;

②对坐标值进行排序并合并相同的值;

③依次计算相邻的 y 坐标值之间的差值,如果该差值小于阈值 d_y,就将该差值放入集合 S 中,如果大于阈值 d_y,则舍弃掉该差值;

④计算完成后,求 S 中所有值的均值,即为 σ_y。

设置差值阈值 d_y 的目的是剔除掉过大的差值,如图 3-66 所示,语义分割后属于垃圾堆积类别的点云在空间中分为几大部分,这几部分之间的坐标值差异较大,因此应该分别计算。在实际使用时,d_y 的值可以直接设为没有限制条件时的坐标差值均值。

上述方法解决了距离阈值 r 的合理设置的问题,但是在某些情况下属于同一对象的点云在空间中本就是离散的,这种情况下难以通过合理设置 r 值完成聚类。为了进一步提升聚类结果的合理性,在算法中增加两个阈值:聚类最低数据占比阈值 o 与聚类数量阈值 n_c,这两个阈值可单独使用,也可同时使用,主要目的是防止聚类过度。在实验中,这两个阈值主要通过以下方式生效:

①对于阈值 o。在聚类结束后首先对聚类结果按数据量排序，并判断是否存在数据占比小于阈值的聚类，如果存在，按照数据占比从小到大的顺序依次将小于阈值的聚类合并到距离最近的其他聚类中，直到不存在数据量小于阈值的聚类。

②对于阈值 n_c。在聚类结束后如果聚类数量大于阈值，同样按数据量从小到大的顺序将数据量较少的聚类合并到最邻近的其他聚类中，直到聚类数量满足要求。

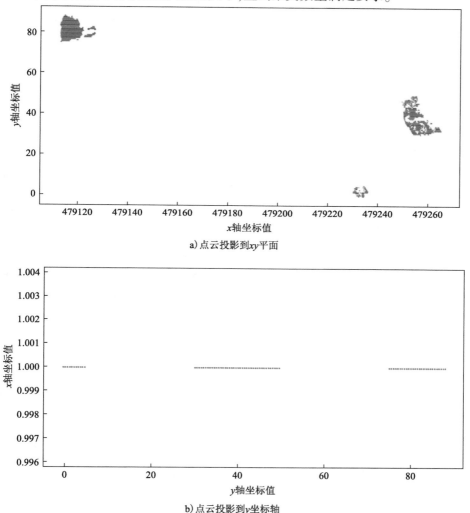

a) 点云投影到 xy 平面

b) 点云投影到 y 坐标轴

图 3-66　点云投影结果示意图

为了验证改进算法的效果，统计了 λ、μ、o、n_c 四个关键参数不同取值情况下的聚类结果，见表 3-13，实验数据为语义分割获得的垃圾堆积类别点云。表中第一、二行可视为不同距离阈值条件下的未改进算法实验结果，可以看出虽然 λ 取值已经很大，但是仍然存在聚类过度的问题；第三行是只改进了距离阈值确定方法后的聚类结果，可以看出虽然相较于原始算法已经有一定改善，但是仍然无法很好地解决对象点云自身离散的问题，因此聚类结果仍然与实际情况有所不同;第四、五、六行则是最终的改进算法,可以看出此时聚类结果比较合理,与实际情况相符。上述实验结果证明了对欧几里得算法改进的合理性与有效性,证明了改进后的欧几里得算法在点云聚类上能够取得更好的效果。

表 3-13

聚类效果对比

λ	μ	o	n_c	聚类数
5	0	—	—	93
10	0	—	—	78
10	1	—	—	13
10	1	0.05	—	3
10	1	—	3	3
10	1	0.05	3	3

3.6.2.5 基于 Alpha-shape 算法的不规则点云体积计算方法

此前,研究人员通常利用点云数据计算树冠体积或堆料体积,这与研究的垃圾堆积体积计算有一定的相似之处。然而,激光雷达只能获取对象表面的信息,因此分割及聚类后获得的异常对象点云并不是闭合的,其下部呈镂空状,只有与对应的地面点云结合才能闭合。同时,体积计算时还可能涉及高度值的确定,这也需要以地面为参照。但是,在点云坐标系下,地面并不一定完全等同于 xoy 等平面,且地面也有陡峭与平坦之分,这都会给体积计算带来影响。为了解决上述问题,本书提出了一种基于 Alpha-shape 算法的不规则点云体积计算方法:

①将地面点拟合为平面,并以该平面为新的 xoy 平面建立坐标系,基于新坐标系对原始点云做坐标转换;

②将坐标转换后的点云投影到地面拟合平面,并判断投影后的二维点云中是否存在重合的点,如果存在,在三维点云中找到这部分投影点对应的原始点,只保留其中 z 坐标值最大的点,并剔除其他点;

③使用 Alpha-shape 算法拟合投影二维点云的外围轮廓并计算生成的闭合区域的面积 a;

④对去除重合点后的原始点云中的每一点 p_i,搜寻其垂直下方一定范围内的所有地面点 $G_i = \{g_i^1, g_i^2, \cdots, g_i^k\}$,并计算这些地面点转换后的 z 坐标值均值 z_i^g;

⑤统计原始点云中点的数量 n_c,按下式计算该不规则点云的体积,其中 z_i 是每点转换后的 z 坐标值。

$$V = \sum_{i=1}^{n_c} \left(\frac{|z_i^g - z_i| a}{n_c} \right) \tag{3-75}$$

该方法首先对点云进行坐标转换,减少了地面与坐标轴所成平面不平行带来的误差,并简化了后续的高度计算。体积计算采用了积分的思想,由异常对象中每点的高度值与均分后的投影面积之和求得。异常对象每点的高度值通过该点与其下方地面点之间 z 坐标值之差直接计算,并没有使用拟合的地平面,避免了地面不平坦带来的误差。因此,理论上该方法对不同地面条件下的点云体积计算都适用,具有较好的实用性。

Alpha-shape 算法的基本原理如下:

①将三维点云投影到预设平面上,并从投影点中任意寻找一点 P_0 作为初始点,以阈值 2α 为半径,搜索该半径内所有的点并构成一个点集 R_1,从 R_1 中任取一新点 P_1,与 P_0 构成一个圆,将该圆的圆心记为 C_0;

②计算点集 R_1 中所有点到点 C_0 的距离,如果所有距离都大于 α,那么将 P_0 与 P_1 定义为轮廓点,并转至④,如果存在距离小于 α 的点,转至步骤③;

③对 R_1 内下一点重复步骤①、②,直到所有点都被判定;

④对点集中的所有未判定的点重复上述步骤,直到点云中所有点都被判定完成。

Alpha-shape 算法通常用于点云轮廓提取或三维重建,一般来说,阈值 α 越小,结果越精确。近年来,该方法逐渐被应用于不规则点云体积计算,有研究人员提出了一种结合点云切片与 Alpha-shape 算法的不规则点云体积计算,并在树冠体积计算上获得了更好的效果。这种基于切片与 Alpha-shape 的方法首先按点云的 z 坐标值对点云进行切片,切片后点云中的点分布在多个与 xy 平面平行的面上,此时两个不同平面形成一个台体,可利用台体体积计算方法求所有台体的体积,之后求和便可得到整个点云的体积。该方法的弊端有:计算结果受阈值 α 影响极大,没有考虑对象底部状态,也无法准确计算具有多个凸起部位的点云的体积。

图 3-67 实验数据展示

为了验证本书提出算法的优越性,将算法与基于切片的点云体积计算方法进行对比。图 3-67 所示为现场采集到的单个垃圾堆积点云数据。

首先统计巡检区域地面点 z 坐标值的标准差,并与同区域的轨道点云及建筑物点云进行对比,以大致估计地面情况,结果见表 3-14。

地面点 z 坐标值标准差统计　　　　　　　　　　　　　　表 3-14

类别	地面点	轨道	建筑物
z 坐标值标准差	0.330	1.184	1.247

可以看出地面点的 z 坐标值分布较集中,因此可以确定实验区域地面较平坦。使用最小二乘法对地面点云进行平面拟合,获得的拟合结果如图 3-68 所示,获得地平面的表达式 $0.0005701x - 0.0008402y + z + 3405.508 = 0$。

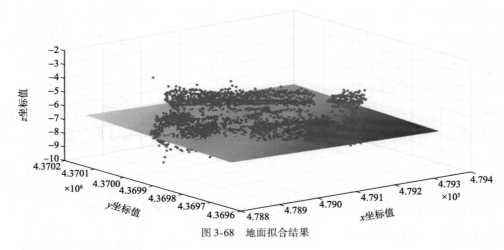

图 3-68　地面拟合结果

使用下式对拟合结果进行评价：

$$d = \frac{\sum_{i=1}^{n} \frac{|A x_i + B y_i + C z_i + D|}{\sqrt{A^2 + B^2 + C^2}}}{n} \tag{3-76}$$

式中，A、B、C 是获得的平面表达式中三个坐标值的系数、D 是常量值。该式通过计算所有点到拟合平面的平均距离实现对拟合结果的评价，最终计算结果为 $d = 0.4167$，证明平面拟合结果较好，与实际情况吻合，可以采用。从拟合结果中可以得到该平面的法向量为（0.00057，−0.00084，1.00000），这意味着在原始点云坐标系下巡检区域地平面与 xoy 平面基本平行，因此可以省略坐标转换步骤，直接使用 xoy 平面代替拟合的地平面，使用点的 z 坐标值代替其高程值，且误差在可接受范围内，在之后涉及地平面的实验中也都将使用 xoy 平面进行代替，实验数据投影到地平面后如图 3-69 所示。

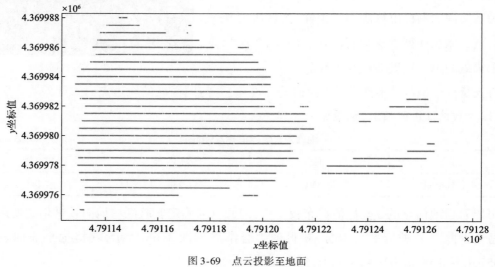

图 3-69　点云投影至地面

　　点云投影完成后可以开始体积计算过程,统计不同阈值 α 下的两种方法的计算结果如图 3-70 所示,其中对照算法使用了多组切片值。从图中可以发现,对整体结果而言,提出的算法结果较稳定,受 α 值影响较小,稳定在 60 ~ 85m³ 之间,标准差约为 12.33,对照算法结果波动幅度大,分布在 5 ~ 160m³ 范围内,标准差约为 30。对照算法结果进一步分析发现,当 α 值固定时,对照算法的计算结果与切片数成反比,即切片数越少,体积计算结果越大,产生这种现象的原因在于切片数量不足导致点云的局部细节被忽略,这说明应该增加切片数;当切片数相同时,对照算法结果与 α 值成正比,即 α 值较小时,体积计算会偏小,当 α 值逐渐增大后,体积计算结果也会逐渐增大并最终趋于稳定,这种现象在切片数越大时越明显,产生这种现象的原因是 α 值过小会导致拟合轮廓不完整,使得生成的闭合区间面积偏小,这说明对照算法只有同时设置较大的切片数及 α 值才能获得正确的计算结果。但是对基于切片的方法而言,通常切片数越多,算法精度越高;对 Alpha-shape 算法而言,在合理范围内,阈值设置越低结果越精确,对照算法显然不能同时满足,这就带来了计算结果的不准确。按照分析得到的结论,可以认为当切片数为 16 ~ 81,α 值大于 3 时对照算法的计算结果较正确。从图中可以看出,此时对照算法的计算结果与提出的算法计算结果基本一致,这进一步证明了算法计算结果的正确性。综上所述,提出的算法受阈值影响较小,计算结果稳定准确,且在参数设置上有更多选择,具有明显的优越性。

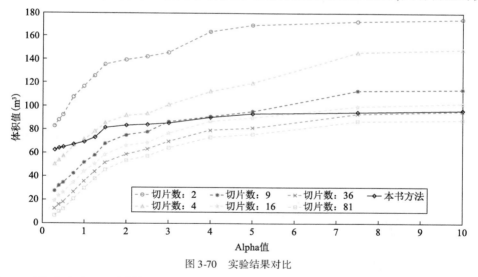

图 3-70　实验结果对比

　　图 3-71 展示了基于不同算法及不同 α 值的 Alpha-shape 算法拟合结果,可视化地证明了上述分析的正确性。

　　本书提出的方法在计算速度上也有明显优势。对照算法每次计算都需要对点云进行切片并拟合每个切片的边缘,因此需要进行多次拟合,会消耗较多时间,而本书提出的算法只需要进行点云投影,边缘拟合也只进行一次,因此算法速度更快。为了验证上述结论,在相同实验条件下运行本书算法与对照算法,并统计算法的运行时间,其中对照算法选择的切片数为 2,

实验结果见表3-15。从表中可以明显看出，本书提出的算法完成一次计算所需的时间远小于对照算法，这进一步证明了本书提出算法相较于现有算法的优越性。

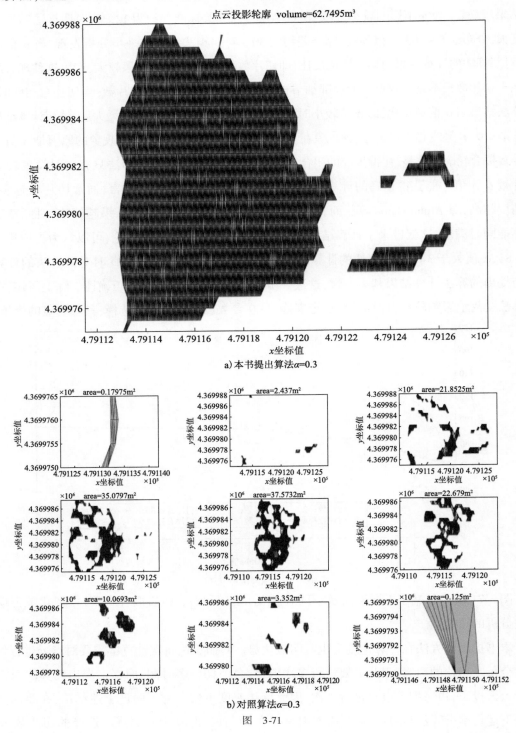

a) 本书提出算法α=0.3

b) 对照算法α=0.3

图 3-71

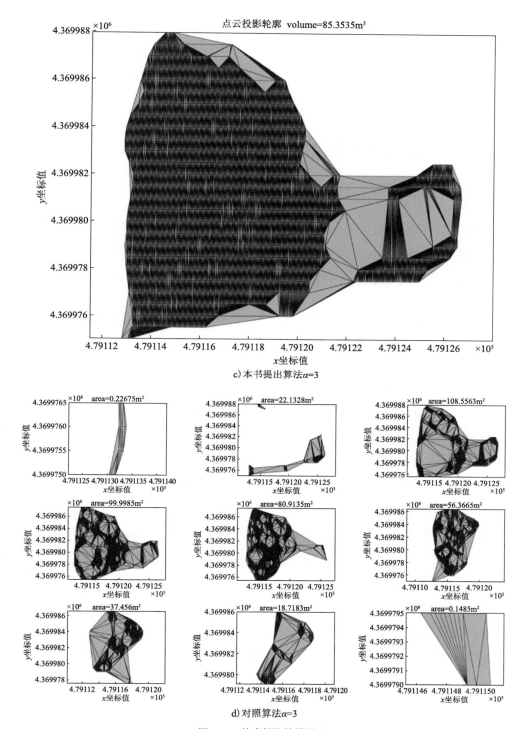

c) 本书提出算法α=3

d) 对照算法α=3

图 3-71　轮廓提取结果展示

本书算法运行时间对比   表3-15

α 阈值	0.3	0.4	0.5	0.75	1	2	3	4	5
对照算法(ms)	203.0	205.7	206.3	205.5	206.3	209.4	205.8	207.2	196.8
本书算法(ms)	130.3	133.1	132.2	131.9	131.7	132.3	131.2	131.1	131.2

3.7 铁路供电接触网典型缺陷图像检测方法

目前,我国一些无人机生产厂家正在积极研发适用于不同巡检需求的无人机设备。随着无人机技术设备的不断成熟,其安全性和可靠性不断增强,无人机检测系统有望与现有的铁路巡检系统有效对接。在铁路接触网区域巡检中,无人机将会逐渐作为一种新的巡检补充手段。因此,无人机巡检将对铁路自动化巡检、事故主动预警起到非常重要的作用。

3.7.1 基于改进 Faster R-CNN 算法的支撑装置连接处定位方法

(1)R-CNN 理论模型。

两阶段检测网络可以被分成两个任务,在第一个任务中产生区域建议,在第二个任务中对提出的感兴趣区域进行目标分类和回归。在区域建议阶段,检测器将判断图像中潜在的可能目标区域。这一阶段通常采用较高的召回率,尽量将所有待检测目标提取出来。在目标识别定位阶段,通过分类损失函数和定位损失函数判断感兴趣区域特征所属的类别标签和位置坐标。2014 年,Girshick 提出 R-CNN,首次在目标检测领域使用卷积神经网络提取特征。对于每张图像,R-CNN 通过选择性搜索(Selective Search)方法产生出大约 2000 个建议区域。选择性搜索采用过分割的方法将图像分割成指定阈值下的不同小区域,再通过图像的梯度直方图、颜色直方图等近似的特征选择规则将分割区域合并。算法先将图像分割成多个小区域,合并其中颜色纹理相似度最高的两个相邻区域,不断重复合并区域,直到所有区域都无法合并为止。此时,选择性搜索算法将产生 1000~2000 个候选区域,这些候选区域结果将被输入到卷积神经网络中用于提取特征。使用提取到的特征,对应每一个类别,训练 SVM 分类器对特征图所对应图像区域分类。然而,这种方法对每个建议区域单独提取特征,导致重复计算严重,而且产生建议区域、特征提取和特征分类都是相互独立的组件,难以使整个检测模型最优化。

针对 R-CNN 存在的问题,2015 年,Girshick 借鉴 SPPNet 生成固定尺寸特征向量的思想,在 R-CNN 的基础上提出了 Fast R-CNN。在 Fast R-CNN 中,通过感兴趣区域(Region of Interest,RoI)池化层,将不同尺寸目标的特征图通过最大池化固定为统一大小,避免了 R-CNN 方法中因为形变导致原始图像信息结构破坏。Fast R-CNN 提出多任务损失函数,将分类损失和回归损失进行联合训练,提取的特征不需要存储在磁盘中占用额外空间。

上述目标检测网络提取感兴趣区域仍然是用选择性搜索算法或者边缘提取框,这两种方法都是基于低级语义信息,不能利用数据驱动的方式自学习,也无法使用 GPU 进行加速计算,从而导致算法效率较低。针对这个问题,Faster R-CNN 提出 RPN(Region Proposal Network)结构用于生成候选区域,其整体网络结构如图 3-72 所示,Faster R-CNN 整体框架分为特征提取主干网络、第一阶段候选区域生成建议网络(RPN)和第二阶段对候选区域分类及坐标回归(Fast R-CNN)三个部分。RPN 是一种多种任务损失函数的卷积神经网络,具有分类和定位的功能,分类和定位各自有相应的损失函数用于监督。其中分类指的是对于是否存在目标进行二分类。RPN 能够代替之前的特征提取方式,与 Fast R-CNN 通过共享卷积特征实现端到端的模型训练。

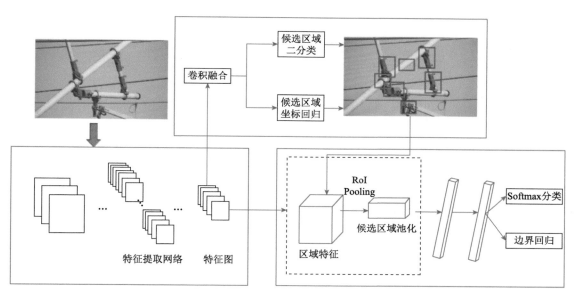

图 3-72 Faster R-CNN 算法整体流程

如图 3-73 所示,Faster R-CNN 还提出了锚点框的思想,在特征图中,每个点映射到原图相当于一个 $n \times n$ 的窗口,在当前滑动中心定义一系列大小与长宽比不同的多个候选区域,称为锚点框。这些不同尺度、不同尺寸的锚点框可以将整张图像覆盖,保证不会漏检,提高区域建议的召回率。

网络将提取到的特征输入到两个全连接网络,通过分类损失函数和定位损失函数实现目标的分类和目标坐标的回归。Faster R-CNN 网络在之前算法的基础上实现了检测速度和精度的大幅提高。Faster R-CNN 网络的损失函数分为两部分,一部分为分类损失函数,在 RPN 分类之后对正样本通过 Softmax 函数归一化,经过交叉熵损失函数预测所属类别概率,当预测概率大于给定的阈值时判定为这一类别。在坐标回归中,网络学习四个参数如式(3-77)所示。公式中,x,y,w,h 分别为预测框中心点的横坐标、预测框中心点的纵坐标、预测框的宽、预测框的高;变量 x、x_a 和 x' 代表预测框、锚点框和真值框的横坐标。通过学习预测框与真值坐标的偏差和锚点框与真值坐标的偏差,逐步完成对四个坐标参数的回归。回归损失函数为 Smooth L1,损失见式(3-82),Smooth L1 损失函数有效避免离群点对损失的影响,让训练更加稳定。

$$t_x = \frac{x - x_a}{w_a}; t_y = \frac{y - y_a}{h_a} \tag{3-77}$$

$$t_w = \log_2 \frac{w}{w_a}; t_h = \log_2 \frac{h}{h_a} \tag{3-78}$$

$$t'_x = \frac{x' - x_a}{w_a}; t'_y = \frac{y' - y_a}{h_a} \tag{3-79}$$

$$t'_w = \log_2 \frac{w'}{w_a}; t'_h = \log_2 \frac{h'}{h_a} \tag{3-80}$$

$$L_{loc}(t,t') = \sum_{i=1}^{4} \text{smooth L1}(t_i, t'_i) \tag{3-81}$$

$$\text{smooth L1}(x) = \begin{cases} 0.5x^2 & |x| < 1 \\ |x| - 0.5 & \text{其他} \end{cases} \tag{3-82}$$

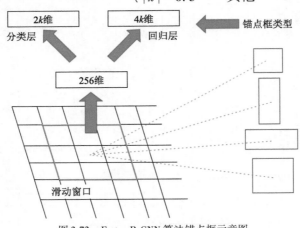

图 3-73　Faster R-CNN 算法锚点框示意图

(2)双层反向特征金字塔融合网络。

无人机采集的图像通过离线方式进行智能分析检测,对算法的实时性要求不高。但是零部件识别准确程度直接影响后期零部件缺陷检测结果的可信程度。因此,算法应当尽量保证较高的精确度和召回率。两阶段算法通过两次调整坐标的方式,使得对坐标的相关信息(即前文所述的 x,y,w,h)回归更加准确,如果在定位阶段坐标回归出现偏差,容易导致关键零部件提取出现遗漏,使得之后的检测算法无法检测到原始图像上应有的缺陷目标。

因此,在目标定位阶段以 Faster R-CNN 算法为基础,对其模型做进一步的改进与优化,使其在当前应用场景下保证较高的检测精度。模型整体结构如图 3-74 所示。

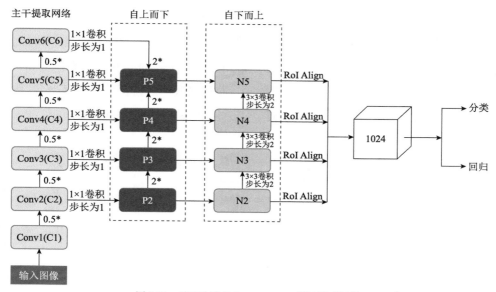

图 3-74　基于改进的 Faster R-CNN 算法模型结构

　　本书在两阶段目标检测算法 Faster R-CNN 算法基础上提出了一种双层反向特征融合的金字塔结构。图 3-75a）所示展示了双层反向特征金字塔融合网络。这种结构分为在特征提取部分的一条自上而下的特征融合路径和一条自下而上的特征融合路径。Faster R-CNN 算法仅使用主干网络卷积特征提取的最后一层特征图来对目标分类和回归，这将使图像中的小目标难以被检测。因为通过卷积神经网络对图像中仅占几十个像素的小目标进行卷积和池化操作，最终的特征映射层中的有效信息将会很少。卷积神经网络在不同尺度的特征图中捕捉到目标不同的特征信息。在深度卷积神经网络中，丰富的空间和细节特征信息集中在浅层特征图中，有助于目标定位。而更深的特征层，通常具有较强的高级语义特征，有助于目标分类。特征金字塔融合网络（FPN）如图 3-75b）所示。从 P5 特征层到 P2 特征层，采用双线性插值的方式对具有高级语义的特征图进行空间分辨率上采样，然后通过 1×1 卷积层降维以保持与邻近低层特征图维度的一致性，最后，相同尺度的特征图通过横向连接特征点相加融合，使得浅层网络中也能包含高级的语义信息。然而，随着卷积神经网络层数的加深，深层特征图中保留的空间细节特征越少。通过增加一条自下而上的反向融合路径，使得不需要通过多层的卷积和池化操作就能够将底层的表达目标图像细节的特征信息融合到高级的语义特征图中，在 FPN 的基础上融合更多的底层空间细节特征。在图 3-75a）中，使用{N2,N3,N4,N5}来表示通过双层反向特征融合网络形成的新特征图，对应于{P2,P3,P4,P5}的自下而上路径。每个特征图 Ni(i=2,3,4,5)首先通过卷积核尺寸为 3×3、步长为 2 的卷积操作下采样，保持与 Pi+1 特征图尺寸大小相同，然后通过横向连接结构与 Pi+1 特征图逐点相加融合，最后经过一个卷积核尺寸为 3×3、步长为 1 的卷积得到 Ni+1 层特征图。无人机在铁路安全距离以外侧向拍摄接触网,距离无人机远端的接触网支撑装置部件在图像中占比较小;接触网中双套管连接器和斜撑套筒等目标在深层神经网络中细节信息较少,使得目标定位不精确。自下而上的层级融合路径将底层的目标细节特征信息更多地分布到较深层的特征图中,增强了深层神经网络的目标细节特征,有助于提高小目标的检测精度。通过层级间的特征信息相互融合,使得网络中各个特征层均增强了细节信息与语义信息。

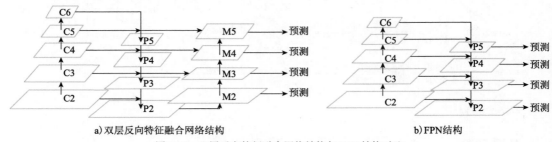

a) 双层反向特征融合网络结构 b) FPN 结构

图 3-75 双层反向特征融合网络结构与 FPN 结构对比

(3)模型头部轻量化与多尺度感兴趣区域池化。

两阶段目标检测模型通常会包含一个计算量较大、模型参数较多的特征图分类网络头部和回归网络头部,这两部分通过全连接网络融合特征信息,模型整体计算量大且检测速度低。对于 Faster R-CNN 算法,这里的模型"头部"是指全连接层和感兴趣区域池化层。为了减少头部的计算量和内存,减少一个全连接层并且将经过特征融合的特征图维度统一设置为256,实验表明,调整后的模型在检测速度与性能上达到很好的平衡。如图 3-76 所示,虚线框中的区域为模型头部修改的部分,上方代表 Faster R-CNN 模型结构,下方代表改进后的模型结构。

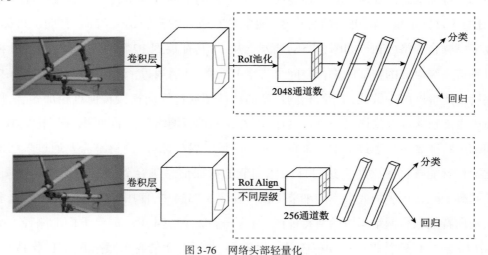

图 3-76 网络头部轻量化

RoI 池化是根据预选框的位置坐标,在特征图中相应的区域池化为固定的大小。由于部分接触网支撑装置零部件在图像中属于小目标,在无人机遥感图像中占比较小,随着网络层数的加深,其深层网络层对应的感受野相应增加,RoI 池化层对应的主干网络特征提取区域无法准确描述接触网零部件外形特征。因此,为了提升零部件识别准确率,将 RPN 层提取到的前景目标映射到经过层级融合的不同感受野特征层中。RoI 池化可以将感兴趣区域中的特征进一步提取,但是 RoI 池化过程将会引入两次量化操作。第一次量化操作是在特征提取阶段,经过主干网络卷积操作下采样得到的特征图,目标框区域尺寸若不能整除下采样的尺度,将被量化为整数。第二次量化操作是在 RoI 池化阶段,这个阶段需要将框内的候选区域特征池化为固定的 7×7 大小,若包围框尺寸被平均分割后出现小数,将被再次量化为整数。此处的特征图小数点偏差还原到原始图像中,将是十几个像素点的偏差。由于零部件在图像中属于小目标,在边界框坐标回归时带来算法本身的偏差,这种偏差将会影响检测的准确度。为此,引入 RoI Align 池化技术(图 3-77),采用双线性插值法,解决上述精度不匹配问题。RoI Align 不需要对浮点坐标量牺牲精度化为整数坐标,通过多个特征点双线性内插的方法拟合浮点坐标对应特征值,从而将整个特征值计算过程转化为一个连续操作。如果原图像大小为 $w \times h$、采样尺度为 λ,则经过卷积之后的采样特征映射图大小为 $(h/\lambda, w/\lambda)$。候选框根据输出的固定尺度将目标特征区域固定划分为 $s \times s$ 个小区域,如图 3-77 所示,将 4×4 橘黄色区域划分为 2×2 区域。在每个分割得到的区块中设置采样点数目为 K(通常 K 取 4),即将每个小区域等分为 4 份子区域,每一份取其中心点位置,而中心点位置的像素值通过其相邻的四个区域像素值双线性插值方式计算。之后,取这四个点像素值的最大值作为这个小区域的像素值。该方法有效地避免了 RoI 池中的量化过程,降低了池化操作带来的边界框坐标偏差。经过 RoI Align 处理的特征图大小为 $s \times s \times 256$。

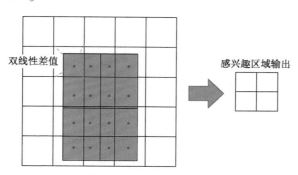

双线性差值

感兴趣区域输出

图 3-77　RoI Align 示意图

(4)实现细节与网络训练。

在无人机图像数据集中,接触网支撑装置图像分辨率为 1920 像素 ×1080 像素。为了确保在整条线路上均能对接触网支撑装置零部件进行识别,在数据集的构建过程中采集了包括不同站段的沿线图像数据,例如高架桥、隧道、站场等。为了适应不同时段的天气对图像的影响,采集的数据尽可能包含不同时段数据。将原始数据集随机划分为训练集和测试集两部分,其中训练集的大小占全部数据集的 80%，测试集的大小占全部数据集的 20%。训练图像在模型训练的每次迭代过程中以一定概率进行随机增强。传统图像处理手段包括图像旋转、图像仿射变换、图像添加噪声、增强或减弱亮度等。为了避免目标之间的遮挡和数据环境单一造成的数据过拟合现象，利用 Mixup、CutMix、Mosaic 等方法进行数据增强。实验数据共 1411 张图像，划分训练集为 1012 张，测试集为 399 张。通过标注软件 LabelImage 标注矩形标签，获取目标在图像中的位置，生成对应的.xml 文件。实验采用英伟达 GTX2080 显卡，显存大小为 16GB，Ubuntu16.04 操作系统。算法实现层面，改进的 Faster R-CNN 算法基于 Tensorflow 深度学习框架实现。考虑到当前实现环境中显存空间限制，在待检测图像输入到模型之前，需要对原始图像大小尺寸进行调整，将待检测图像较长边缩放至 1000，另一边按照长边缩放比例等比例缩放，以避免显存溢出。

对比不同主干网络实验效果，选定 ResNet50 作为特征提取主干网络。训练过程使用带有动量的随机梯度下降算法，动量值为 0.9。利用动量可以有效避免损失函数陷入局部最优值，加速算法收敛。网络训练的总步数为 30000 步，网络训练时采用的 Batch Size 为 1，初始训练学习率设为 0.001，在 10000 步后下降为 0.0001，在 20000 步后下降为 0.00001，权重衰减设置为 0.00005。锚点框的尺寸包括 16×16、32×32、64×64、128×128、256×256，覆盖不同的目标大小。对于训练 RPN 网络层，为了保证较高的召回率，随机采样 512 个候选框在一张图像中，并且正负样本数目比例为 1:1。正样本定义为锚点框与标签矩形框面积占比超过 0.7 的候选框，负样本为锚点框与标签矩形框面积占比小于 0.3 的候选框。在这两个比例之间的锚点框不参与损失贡献和梯度下降。整体网络采用端到端进行训练，将回归损失和分类损失整合进行网络训练。损失函数如下式所示：

$$L(\{p_i\},\{t_i\}) = \frac{1}{N_{cls}} \sum_i L_{cls}(p_i,p_i^*) + \lambda \frac{1}{N_{reg}} \sum_i p_i^* L_{reg}(t_i,t_i^*) \tag{3-83}$$

式中，第一项为样本目标分类损失函数；第二项为样本目标定位回归损失函数；λ 为平衡分类损失与回归损失的平衡因子，设为 10；N 为预测框的数量；L_{cls} 为交叉熵损失函数；i 表示当前训练批次中锚点框的索引；p_i 是预测值通过 Softmax 函数归一化为 0 到 1 之间的概率值表示第 i 个框的分类预测结果；p_i^* 对应目标的真实类别；L_{reg} 为 Smooth L1 损失函数，与 Faster R-CNN 算法一致，在训练回归参数的过程中，Smooth L1 损失函数对离群点和异常值不敏感，同时梯度变化相对平均绝对损失更小，训练更加稳定。坐标回归的过程中与 Faster R-CNN 算法一致，通过回归预测值与锚点框的中心点和宽高差值，得到预测矩形坐标框。由于数据量较少，在训练过程中使用 ResNet50 在 Coco 数据集的训练权重作为预训练权重。

（5）线路接触网支撑设备连接处定位效果分析。

采用以下的评价指标定量评估模型的精度与效率。由于六类关键部件检测结果可能与实

际结果产生偏差,故用以下指标作为模型结果评价:

真阳性(True Positives,TP):关键部件被正确识别,检测正确;

真阴性(True Negatives,TN):标签与预测值均为假值,检测正确;

伪阳性(False Positives,FP):背景被错误识别为关键部件,检测错误;

伪阴性(False Negatives,FN):关键部件被错误识别为背景,检测错误。

精确度(Precision)与召回率(Recall)按下式计算:

$$\text{Precesion} = \frac{\text{TP}}{\text{TP} + \text{FP}} \times 100\% \tag{3-84}$$

$$\text{Recall} = \frac{\text{TP}}{\text{TP} + \text{FN}} \times 100\% \tag{3-85}$$

测试样本中,每个类别的平均精度值为 AP,如下式所示,所有类别的平均精度值(mAP)为各个类别的 AP 值平均得到。

$$\text{AP} = \int_0^1 P(R)\,\mathrm{d}R \tag{3-86}$$

训练损失函数的变化过程如图 3-78 所示,经过 30000 步的迭代,模型基本已经稳定。图 3-79 是统计测试集检测结果,主要对比目前主流的目标检测算法,如基于两阶段的 Faster R-CNN 算法和基于一阶段目标检测 YOLO 系列算法。

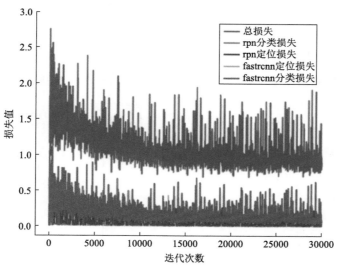

图 3-78 损失函数变化曲线

从表 3-16 中可以看出,本书提出的基于 Faster R-CNN 改进的模型,在上述算法中实现了最好的效果。采用 AP 和 mAP 作为模型算法的评定指标。对比 Faster R-CNN 算法,改进后的模型算法中,相对体积较小的连接处,如定位器支座、双管连接器等,平均识别精度均有一定程度上的提升。

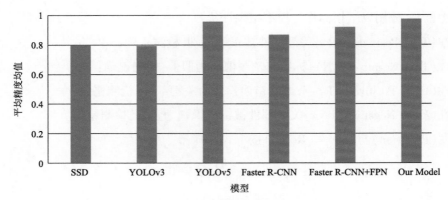

图 3-79 不同模型检测平均精度结果

不同模型检测精度对比结果   表 3-16

算法模型	AP					
	绝缘子	斜撑套筒	旋转双耳套筒	定位器支座	双管连接器	承力索底座
SSD	0.831	0.751	0.839	0.781	0.813	0.721
YOLOv3	0.898	0.863	0.779	0.793	0.811	0.627
YOLOv5	0.960	0.989	0.994	1.00	0.928	0.892
Faster R-CNN	0.913	0.894	0.856	0.874	0.937	0.743
Faster R-CNN + FPN	0.923	0.986	0.991	0.992	0.845	0.771
本书提出算法	0.976	0.980	0.987	0.996	0.972	0.915

如图 3-80 所示,根据测试集中每类的精确度和召回率,绘制各类别的 PR 曲线及平均精度值曲线。可以看出,在测试集中,对接触网连接区域有较好的检测效果。本算法将目标真实框与预测框交并比在 0.5 以上作为正确检测,平均精度为 0.971。相比于其他网络,在接触网支撑区域定位检测中检测精度更高,同时检测速度较二阶段检测算法更快。

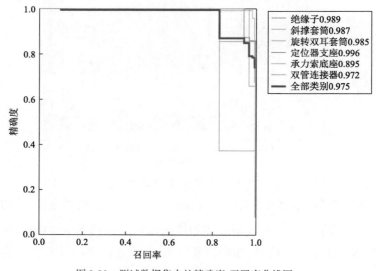

图 3-80 测试数据集中的精确度-召回率曲线图

本次实验与精确度较高的 YOLOv5 算法进行比较,在以 IoU 为 0.8 的比例中计算各类别 AP 值(表 3-17),基于 Faster R-CNN 算法的效果更好,这表明,对于精确回归坐标,实验算法相较一阶段算法回归更加有优势。算法回归的准确性对后续算法至关重要,如果回归不准确,如漏检或误检,将对后续训练集造成影响,从而影响最终的检测效果。如表 3-18 所示,不同检测模型的检测精度与检测速度相比较,提出的算法在保证精度的前提下,运算速度也有较大的提升。

改进的 Faster R-CNN 与 YOLOv5 各类别 AP@IoU = 0.8 表 3-17

算法模型	AP					
	绝缘子	斜撑套筒	旋转双耳套筒	定位器支座	双管连接器	承力索底座
YOLOv5	0.898	0.863	0.779	0.943	0.872	0.811
本书提出算法	0.935	0.933	0.925	0.951	0.932	0.837

不同模型检测速度和平均精度比较 表 3-18

算法模型	检测速度(s/帧)	mAP
SSD	0.0332	0.799
YOLOv5	0.0217	0.961
Faster R-CNN + FPN	0.0458	0.918
本书提出算法	0.0347	0.971

对不同铁路站段接触网进行拍摄,铁路周边环境在不同站段有所差异,接触网的外形(如颜色)等在不同站段也略有差异。选取不同拍摄地点,通过 Mixup、CutMix、Mosaic 方法对无人机图像做预处理,对比原始图像检测结果做消融实验,如表 3-19 所示。可以看出,经过预处理后,模型的泛化能力得到增强。本书提出自上而下和自下而上的层级融合方法,在训练过程中,通过绘制热力图(图 3-81),体现网络所关注的特征信息,第一行图像为融合前网络不同层级特征,从左到右依次为主干网络中 C2、C3、C4、C5 残差块中最后一层特征图。第二行图像为经过双层反向特征融合后 P2、P3、P4、P5 残差块中最后一层特征图。对比层级融合前后特征图信息,网络在浅层仍然能拥有较强的语义信息。图 3-82 展示了一些在测试集中算法检测结果,a)为原始图像,b)为检测结果图像,显示阈值设定为 0.5,图中的不同颜色表示不同类别。

Mixup、CutMix 和 Mosaic 对网络模型精度的影响 表 3-19

Mixup	CutMix	Mosaic	mAP
—	—	—	0.875
√	—	—	0.921
—	√	—	0.896
—	—	√	0.953
√	√	√	0.971

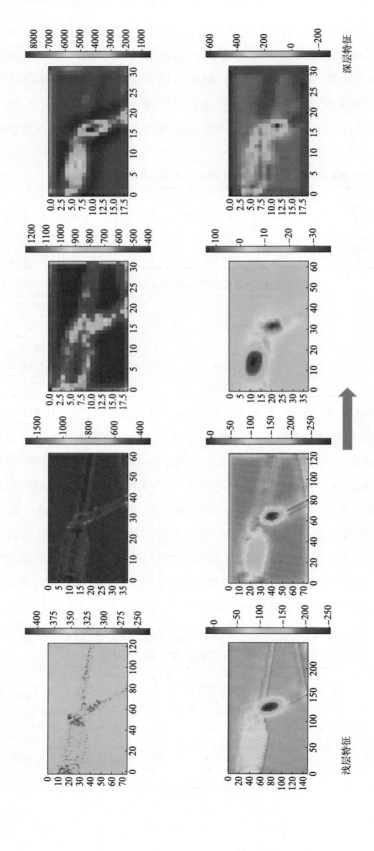

图3-81 无人机拍摄接触网图像训练过程中的热力图

注：图中横纵坐标均为特征图像素的坐标值，无单位。彩色图例中的数值表示模型对特征图像素的关注程度。

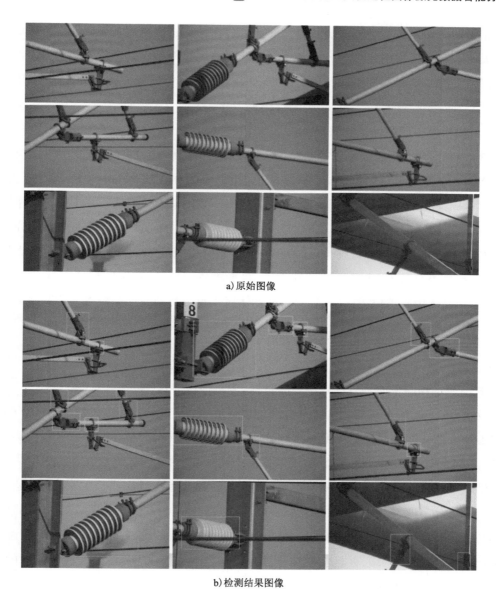

a) 原始图像

b) 检测结果图像

图 3-82　接触网支撑装置连接处关键部件检测结果示例

3.7.2　基于级联网络的接触网支撑装置紧固件缺陷检测

3.7.2.1　级联深度神经网络分析方法

级联深度神经网络被广泛应用于人脸识别、场景文字分割等任务。由于无人机拍摄的接触网支撑装置紧固件在无人机图像中占比很小,如果直接检测模型容易受到图像中复杂背景的影响。同时,接触网支撑装置中零部件数量众多,形状结构较为复杂(包含螺栓、开口销等众多紧固件),紧固件中故障类型各不相同,而且存在缺陷的图像占比很小。这样很难直接通过原始拍摄的图像识别其中的缺陷部位。按接触网相关制作技术规范要求,接触网支撑装置紧固件通常固定在接触网连接处。本书提出三阶段的接触网紧固件缺陷检测算法,第一阶段先将接触网支撑装置零部件提取,以减少拍摄复杂场景下目标背景干扰,第二阶段将其中紧固件提取,第三阶段对紧固件是否有缺陷进行识别。

(1)目标检测一阶段网络方法概述。

与 R-CNN 系列方法需要事先得到候选区域不同,基于回归的目标检测算法直接根据卷积神经网络的特征图实现目标类别与位置坐标的预测。YOLO 算法由 Joseph R. 首次提出,这是深度学习目标检测领域第一次出现一阶段目标算法。YOLO 算法抛弃了以往先提取建议区域的范式,将整个神经网络应用于图像的回归预测中。在检测中,YOLO 将输入图像划分为一定数量的网格,每个网格负责对目标矩形中心点位于此网格内部的物体进行检测。预测的信息包括:该位置是否有对象,边界框位置和大小,目标类别。此外,每个网格还包括一组条件概率,用来表示物体中心点位于此网格内时,该物体属于每个类别的后验概率。检测结果的最终置信度为式(3-87):

$$score = c * p(\text{Class}_i | \text{Object}) \tag{3-87}$$

式中,c 表示预测框内是否存在待检测目标,若不存在则 $c=0$。

2017 年,Joseph R. 相继提出 YOLO 算法的改进版本,即 YOLOv2 和 YOLOv3,YOLOv2 算法采用更加强大的深度卷积神经主干网络 DarkNet,在提高目标检测精度的同时可保持实时的检测速度。YOLOv2 算法加入锚框机制,用以检测不同尺寸的物体,该算法在训练数据集的标签数据基础上采用 K-means 聚类预测锚点框的长宽,进而选择合适的锚框大小,而不是手动设置,从而可以保证算法能够较快地实现检测框的回归。YOLOv3 算法采用类似 FPN 的层级融合结构,实现对不同尺度目标的检测。2020 年,Alexey Bochkovskiy 提出 YOLOv4 算法,选用 CSP Net 作为特征提取网络,并且在图像预处理中加入 Mosaic 方法,在保证检测速度的同时,检测精度也有较大的提升。

RetinaNet 一阶段目标检测网络结构如图 3-83 所示,其中主要提出了焦点损失(Focal Loss)函数。该损失函数主要解决网络训练时正负样本不平衡问题。图中,RetinaNet 的特征提取网络由 ResNet 和 FPN(Feature Pyramid Network)构成。在一阶段网络中,模型最终会产生大量的候选区域框,如在 YOLOv3 算法中,三个尺度的特征图中将会产生大量的候选框,尺寸为 13 的特征图将会产生 $13 \times 13 \times 3$ 个候选框,尺寸为 26 的特征图将会产生 $26 \times 26 \times 3$ 个候选框,尺寸为 52 的特征图将会产生 $52 \times 52 \times 3$ 个候选框。通过推算可以得出,整张图像中正负样本比例约为 1:1000。这就使得模型在训练的过程中出现训练样本不平衡的问题,网络的整体损失的贡献将偏向于负样本提供的损失,使得拥有庞大数量、却对正样本损失贡献量很小的负样本支配训练损失函数,数量较小且包含关键信息的正样本却不能在网络训练损失函数中发挥作用。

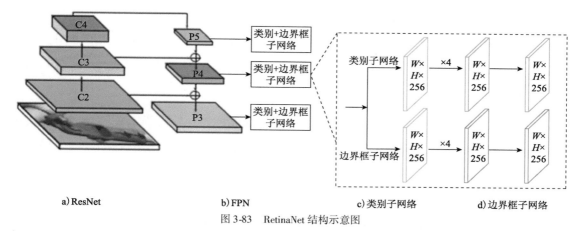

a)ResNet　　　　　　　b)FPN　　　　　　c)类别子网络　　　d)边界框子网络

图 3-83　RetinaNet 结构示意图

Focal Loss 就是在原有的交叉熵损失函数中增加了一个调节因子,使难分类的样本得到更多的关注。以二分类为例,交叉熵函数见式(3-88):

$$\mathrm{CE}(p,y) = \begin{cases} -\log_2(p) & \text{if } y = 1 \\ -\log_2(1-p) & \text{其他} \end{cases} \tag{3-88}$$

式中,p 表示预测样本属于 1 的概率;$y \in \{+1, -1\}$,表示标签。

为了表示方便,用 p_t 代替 p 可以进行如下定义:

$$p_t = \begin{cases} p & \text{if } y = 1 \\ 1-p & \text{其他} \end{cases} \tag{3-89}$$

这里使用 p_t 表示样本属于真实类的概率,因此,式(3-88)可以被定义为:

$$\mathrm{CE}(p,y) = \mathrm{CE}(p_t) = -\log_2(p_t) \tag{3-90}$$

为了解决 One-stage 检测器训练时的正负样本差距大问题,最常用的做法是给上述等式加一个权重因子 a_t,其中样本为正样本时 a_t 设置为 a,负样本时 a_t 设置为 $1-a$,实现正负样本对总的损失函数的权重贡献的控制,如下式所示:

$$\mathrm{CE}(p_t) = -a_t\log_2(p_t) \tag{3-91}$$

从上式可以看出,a_t 虽然可以控制正负样本的共享权重,但是对于困难样本仍然没有得到很好解决,此处困难样本是指模型给出的预测置信度较低,网络不能容易识别的目标。因此,Focal Loss 提出平衡正负样本损失的参数调节因子,如下式所示:

$$\mathrm{FL}(p_t) = -(1-p_t)^\gamma\log_2(p_t) \tag{3-92}$$

式中,$(1-p_t)^\gamma$ 是调节因子,$\gamma \geq 0$,当 γ 越来越大时,损失函数对容易分类样本的损失几乎为 0,然而较小预测概率 p_t 的样本(难分样本)的损失值仍然较大。这样可以在样本不平衡时,让难分样本提供更多贡献给损失函数。

在实际应用时,在上述等式的基础上增加一个 a_t 平衡因子,产生了轻微的精度提升。

$$FL(pt) = -a_t(1-p_t)^\gamma \log_2(p_t) \tag{3-93}$$

(2)基于度量学习的小样本目标识别。

在接触网支撑零部件中,缺陷样本极少,但是零部件种类和缺陷样本种类众多。直接用 ResNet 等层数较深的网络训练分类网络往往会因为数据量过少导致网络过拟合,网络层中的权重偏重于预测正常样本,使得分类效果不好。对于接触网紧固件缺陷,提出使用度量学习的少样本图像分类模型学习正常紧固件与缺陷紧固件的差异,从比较层面上解决小样本学习问题。基于度量学习的方法,从比较相似度来解决小样本识别问题,由于深度学习模型参数复杂,按照基于交叉熵的方式学习,会出现过拟合的问题。对样本间距离进行建模,通过网络进行训练从而学习到同类与异类的区别,在测试过程中判别样本是否为同类进而完成分类。度量学习是元学习的重要应用,元学习本意为学习如何学习(learn to learn)。在元训练阶段,利用随机组合训练集样本构成元任务实现任务采样,模型得以学习独立于任务的更强泛化能力。在一个任务中随机抽取 C 类,每类包括 K 个样本,构成模型的支撑集合,此任务为 C-way K-shot 问题。小样本学习中,K 代表每个类别的样本数量,通常很小。在测试时,从测试集中同样随机选取 C 个类别、K 个样本,其他的数据作为查询集。

基于度量学习的流程如图 3-84 所示,这类算法由嵌入模块和度量模块两部分组成,将样本通过嵌入模块映射到某个向量空间,再根据度量模块给出相似度分数。度量学习的训练方式与元学习一致,随机采样获得 C-way K-shot 的样本,通过多次采样构建多个样本集合。在训练时,将多个任务依次输入到模型中,这就是情景训练(episodic training)。在测试时,一般在测试集中选取一个批次测试,模型输出各类别预测概率,最终分类结果为概率最高对应的类别。孪生神经网络是一种度量图像间相似性的模型,包含权值共享的两个分支,模型头部输出样本属于同一类的概率。原型网络提出计算图像在固定特征空间的距离,并用无监督聚类方式对小样本进行分类。基于度量学习的算法在小样本分类上取得了不错的效果。

3.7.2.2 接触网支撑装置紧固件定位模型研究

(1)接触网支撑装置小样本数据增强。

在接触网支撑装置中,连接处由水平腕臂、斜腕臂、水平拉杆、绝缘子等设备相互连接组成,在这些连接设备中,紧固件通常处于固定的位置。如图 3-85 所示,紧固件共有六类,分别是紧固螺栓、侧壁螺丝、螺帽和三类开口销。

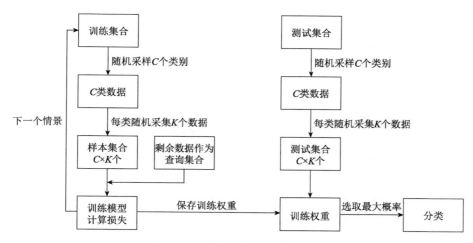

图 3-84　基于度量学习的算法流程图

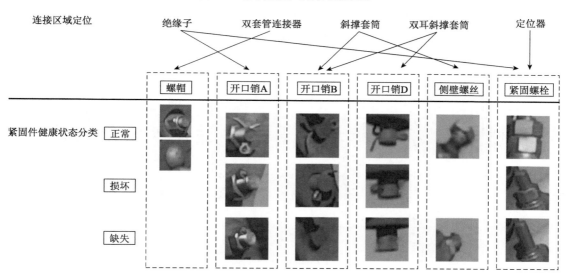

图 3-85　接触网连接处区域与紧固件对应包含关系以及紧固件不同状态分类

　　接触网支撑装置中,不同类型紧固件的数量比例存在差异,更重要的是,开口销损坏或缺失、紧固件螺栓坏损或缺失等紧固件缺陷数据占比较小。因此,有必要针对小样本数据做数据增强处理。2020 年,Google 实验室提出了一种复制粘贴的数据增强方法,在实例分割和目标检测领域取得了较好的效果。随机选取两张图像,对每张图像进行随机裁剪和调整大小,然后从一张图像中随机选择对象区域粘贴到另一张图像中,最后将图像中的标签信息相应修改并且移除完全被遮挡的物体。对于无人机数据集,从包含缺失目标和疑似缺失目标的图像中多次复制缺陷目标,粘贴到正常样本中并且粘贴每个对象时确保粘贴对象不会与任何现有对象重叠,而且这些对象均显示在正确的上下文中。如图 3-86 所示,在接触网支撑装置斜腕臂处多次复制粘贴小目标开口销紧固件。在训练数据集中,通过这种方式,可以增加小目标与缺陷样本的数量,对于数量占比较小的目标,通过随机复制粘贴操作扩增正样本数量,使得网络中相应匹配正样本的锚点数量增加,提升小样本预测框在整体训练损失的权重占比。图 3-87 显示了本书提出的数据增强策略,增加匹配的锚点框数量以减轻数据类间正负样本不平衡。

图 3-86　接触网支撑装置缺陷紧固件复制粘贴数据增强

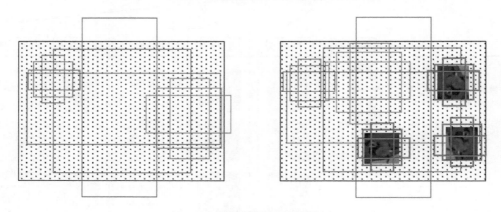

图 3-87　特征图锚点框匹配示意图

(2)基于旋转目标检测的紧固件定位算法。

接触网紧固件往往位置固定,且排列紧密。无人机俯视拍摄时,一些紧固件在无人机图像中通常密集倾斜排列在一起而且存在较多的遮挡。在目标检测算法中,往往都会使用非极大值抑制(NMS)算法剔除冗余候选框。在目标检测预测的坐标结果中,同一目标的位置上会产生大量的候选区域,这些候选区域之间可能会相互重叠,此时需要利用 NMS 算法找到最佳的目标边界框,进而消除冗余的边界框。在紧固件的检测过程中,每一个产生的检测框都对应一个预测的置信度分数,算法选取置信度最高的检测框 M,计算预测框中 M 与候选框集合 B 中其余候选框 b_i 的交并比,通过设定阈值 N_t 将明显重叠的候选框删除,再重复上述操作。如图 3-88 所示,绝缘子紧固件检测中,虽然每个候选框均检测到开口销,但是必须仅给出一个最有可能表征开口销的候选框。NMS 算法中候选框置信度重置函数如式(3-94)所示,soft-

NMS算法改进候选框处理,将其大部分重叠候选框的置信度以衰减分数保留,衰减函数如式(3-95)所示。预测框的置信度分数以线性加权的衰减方式预测,重叠度越高的候选框,置信度分数越低,不会直接置为零,以保留遮挡目标。

$$s_i = \begin{cases} s_i & \mathrm{IoU}(M, b_i) < N_t \\ 0 & \mathrm{IoU}(M, b_i) \geq N_t \end{cases} \tag{3-94}$$

$$s_i = \begin{cases} s_i & \mathrm{IoU}(M, b_i) < N_t \\ s_i(1 - \mathrm{IoU}(M, b_i)) & \mathrm{IoU}(M, b_i)) \geq N_t \end{cases} \tag{3-95}$$

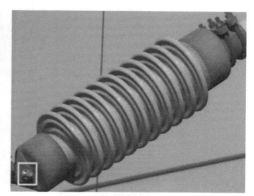

图 3-88　非极大值抑制示意图

soft-NMS能够提取出被遮挡的高置信度目标检测框,由于遮挡并不能完全确定检测框内的目标为相应的待检测目标,因此该算法将以低置信度的分数保留此目标检测框。为了保证所有正确的候选框均能被检测出来,算法需要以给定低阈值的方式保留被遮挡的目标。但是算法以低置信度的条件检测将会产生多个冗余框,使得误检较多。在无人机图像中,紧固件螺栓往往紧密倾斜排列,目标之间的重合面积很大。这使得多个目标的预测框相互重叠的面积比例很大,当目标置信度最高的预测框与相近目标预测框相互重叠且二者的交并比超过设定的阈值时,就会将正确的预测框作为冗余的候选框删除。如图3-89所示,螺栓紧固件通过水平框目标检测算法,与红色目标框重合度较大的绿色虚线正确预测框未被检测。

旋转框目标检测算法(Rotation Pyramid Network, RPNet)学习任意方向矩形角度参数,通过旋转矩形来检测倾斜密集目标。RPNet将减小预测框之间的重合面积,在NMS算法阶段,旋转目标框间重合面积较小,可保证被遮挡的目标能够正确显示。在RPNet中,定义特征图中每个特征点对应的锚点框为旋转矩形,相对于水平锚点框,增加了旋转的候选框,锚点框数量的增加提高了角度回归的准确程度。模型将产生大量冗余的候选框,模型对产生的候选框进行后续处理筛选,提出旋转框的非极大值抑制(RNMS)算法,去除冗余的预测框。候选框与目标框之间IoU的计算在旋转检测算法中略有不同,主要在于重叠面积的计算方式不同。针对旋转框,本书提出了计算两个任意方向相交矩形的面积计算方式RIoU,将重叠面积划分为多个三角形面积相加。通过计算两个任意方向矩形相交点和相互包含点与其中任意一个点连线形成的多个三角区域之和,即为两个矩形相交面积,如图 3-90 所示。

图 3-89　遮挡螺栓检测结果示意图

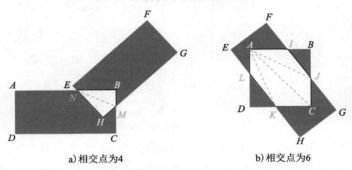

a) 相交点为4　　　　　　　　　　b) 相交点为6

图 3-90　不同相交点矩形分割计算

注:对于 a) 来说面积($NHMB$) = 面积(NHM) + 面积(NMB);对于 b) 来说面积($AIJCKL$) = 面积(AIJ) + 面积(AJC) + 面积(ACK) + 面积(AKL)。

基于旋转框的非极大值抑制算法首先将特征提取网络预测出来的候选区域按照预测所属类别分数由高到低排序,选出最高得分对应的预测框。基于 RIoU 算法计算与其余候选框交并比。对于每种类别,因其长宽比和大小不同,故设置不同阈值,如果当前最高得分框与其余候选框交并比大于设定阈值,候选框的置信度预测值将按照 soft-NMS 方法处理,保留高置信度的预测框。随后,再从未处理的候选框中选取得分最高的候选框重复上述过程。

RPNet 主要由特征提取网络和回归分类子网络两部分构成。RPNet 采用类似 RetinaNet 主干网络结构,通过 ResNet50 提取卷积特征,再经过 FPN 将特征信息融合,在网络训练的过程中,金字塔每一层都将提取出预测候选框输入网络头部做分类和回归预测。在网络分类损失函数中,由于一阶段算法在网络训练过程中候选框正负比例严重不平衡,即假如设定候选框中与目标矩形标签交并比大于 0.5 的为正样本,小于 0.5 的为负样本,则网络产生的负样本数量远大于正样本数量,而这些负样本对于网络模型的训练几乎没有意义。为此,RPNet 将 Focal Loss 作为损失函数,提高候选框中正样本和难分样本对于网络分类损失的贡献。

使用五个参数(x,y,w,h,θ)来定义任意方向的唯一矩形。如图 3-91 所示,定义旋转角 θ 为旋转矩形与 x 轴逆时针方向最近的一条边和 x 轴的水平夹角,范围为 $[-90,0)$。与 x 轴逆时针相邻的边为矩形的宽,另一边为矩形的高。此处的定义与 OpenCV 定义一致。图 3-91 的两个分图分别表示了以长边和短边为宽度的实例。

$$t_x = \frac{x - x_a}{w_a}; t_y = \frac{y - y_a}{h_a} \tag{3-96}$$

$$t_w = \log_2 \frac{w}{w_a}; t_h = \log_2 \frac{h}{h_a}; t_\theta = \theta - \theta_\alpha \tag{3-97}$$

$$t'_x = \frac{x' - x_a}{w_a}; t'_y = \frac{y' - y_a}{h_a} \tag{3-98}$$

$$t'_w = \log_2 \frac{w'}{w_a}; t'_h = \log_2 \frac{h'}{h_a}; t'_\theta = \theta' - \theta_\alpha \tag{3-99}$$

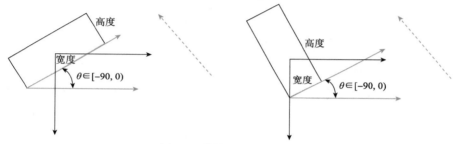

图 3-91　旋转矩形参数示意图

此处与水平框目标检测算法 Faster R-CNN 参数回归不一致的地方在于加入任意方向矩形角度的回归,角度参数使得 RPNet 能够学习目标相对于水平方向的偏转。RPNet 在训练过程中学习上述五个参数,能够拟合任意角度的旋转矩形,在上述矩形参数回归中,采用的是 OpenCV 的角度定义方法。然而,这样定义会使得模型在回归角度的过程中出现角度损失值突增的现象。在图 3-92 中,假定绿色矩形为实际目标框,蓝色框为候选框,红色框为预测框。假设中心点坐标均为$(0,0)$,在中心点不变的情况下,通过网络训练,红色预测框将逐渐拟合参数接近绿色真实框。在网络训练中,当锚点框接近绿色框时,期望的旋转框回归路线是由蓝色框逆时针旋转到红色预测矩形框,按照这样的旋转方式,将会产生很大的损失(图中 pi 表示角度制中的 180°)。此时,模型必须以更为复杂的回归方法拟合目标框(例如蓝色框顺时针旋转,同时缩放 w、h),增加了回归的难度。

式(3-100)代表 RPNet 整体损失函数。此处,N 为预测框的数量;t_n 代表类别标签;p_n 是通过 Softmax 函数计算的类别概率值;t'_n 为二分类值,类似于 Faster R-CNN 中的 RPN,其中 $t'_n = 0$ 为无目标的背景框,不进行任何坐标回归,$t'_n = 1$ 为前景目标框,进行坐标回归;v'_{nj} 代表预测框与真实坐标的参数偏差值;v_{nj} 代表锚点框与真实坐标的参数偏差值;L_{reg} 代表坐标回归函数;L_{cls} 代表分类损失函数为交叉熵损失函数;超参数 λ_1、λ_2 为平衡分类损失和回归损失在总损失值中的占比。

$$L = \frac{\lambda_1}{N} \sum_{n=1}^{N} t'_n \sum_{j \in \{x,y,w,h,\theta\}} \frac{L_{\text{reg}}(v'_{nj}, v_{nj})}{|L_{\text{reg}}(v'_{nj}, v_{nj})|} |1 - \text{GIoU}| + \frac{\lambda_2}{N} \sum_{n=1}^{N} L_{\text{cls}}(p_n, t_n) \qquad (3\text{-}100)$$

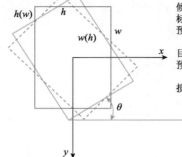

候选框坐标:(0, 0, 100, 25, -pi/2)
标签坐标:(0, 0, 25, 100, -pi/8)
预测坐标:(0, 0, 100, 25, -5pi/8)

目标偏移:(0, 0, log(1/4), log(4) 3pi/8)
预测偏移:(0, 0, log(1/4), log(4) 3pi/8)

损失值:Smooth L1(预测偏移-目标偏移)

图 3-92　坐标回归示意图

为了更好地解决因角度周期性产生的损失不稳定情况,在 Smooth L1 坐标回归损失函数中加入 GIoU 平衡因子。交并比(IoU)常作为衡量两个矩形框之间距离的指标参数,表示预测框坐标与真实目标框坐标的近似程度,IoU 计算公式如式(3-101)所示。但是,对于预测框与真实目标框不重叠的情况,IoU 无法衡量预测框与真实框的距离,而且 IoU 对候选框的形状大小比较敏感。GIoU 如图 3-93 所示,通过计算候选框 A 与真实坐标框 B 的最小外接矩形 C,并计算 A 与 B 的 IoU 和 C 与 A、B 的差集。回归损失函数可以监督网络朝提高 A、B 交集的区域、减小差集的区域的目标优化。这样避免了不同长宽比的候选框在计算 IoU 时反映出相同的损失值而且对不相交的框之间定义了距离损失,GIoU 计算公式如式(3-102)所示。

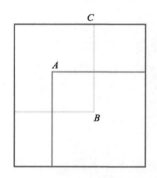

图 3-93　GIoU 平衡因子示意图
A-预测框;B-真实框;C-包含
A、B 的最小外接矩形

$$\text{IoU} = \frac{A \cap B}{A \cup B} \qquad (3\text{-}101)$$

$$\text{GIoU} = \text{IoU} - \frac{|C/(A \cup B)|}{|C|} \qquad (3\text{-}102)$$

为了解决角度周期性问题造成训练损失值不稳定的情况,本书提出在回归损失中引入 GIoU 平衡因子 $|1 - \text{GIoU}| / |L_{\text{reg}}(v'_{nj}, v_{nj})|$。在图 3-93 中,当预测框接近真实框坐标时,平衡因子中 $|1 - \text{GIoU}| \approx 0$,缓解了损失的突然增大。图 3-94 所示为训练过程损失函数,红色曲线表示未加入平衡因子直接坐标回归的损失函数,绿色曲线为加入平衡因子的损失函数,曲线平滑度为 0.6(图中淡红中和淡绿色曲线分别是平滑前的红色和绿色趋势曲线),图中红色曲线坐标回归时,曲线表现出明显的振荡,绿色曲线收敛得更加平稳。GIoU 作为坐标回归优化的方向,可以使与坐标有关的参数更好地回归,同时使目标回归更加准确,在以 IoU 作为评价矩形框回归精确程度的标准中取得更好的结果。回归损失中,$L_{\text{reg}}(v'_{nj}, v_{nj})$ 代表了五元参数梯度回

归的方向,通过拟合预测框同真实框五个参数偏差和锚点框同真实框五个参数偏差,使得预测的五元参数不断接近于真实框参数。|1 − GIoU|代表了回归损失值,使得整体损失函数连续分布。

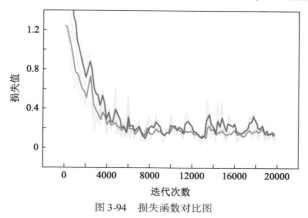

图 3-94　损失函数对比图

（3）实验结果分析。

本次实验在英伟达显卡 GTX1080 上训练,内存为 16GB。实验框架为 TensorFlow 框架,使用 ResNet50 为基础特征提取主干网络。本次实验中,接触网连接处图像共 3340 张,数据集由无人机接触网支撑装置图像提取连接处得到,通过人工筛选出正确分类的数据集合作为训练集合。由于紧固件中缺乏足够的训练样本,而且紧固件中的正常状态和缺陷状态差异微小,直接检测紧固件状态将导致精度较差。因此,应先定位紧固件位置,再判断是否为缺陷。接触网紧固件共六类,分别为:螺栓、侧壁螺丝、螺帽和三类开口销。高速铁路接触网支撑装置紧固件一般都固定在连接处相似位置,通过 Lableme 标注了连接处不同的紧固件设备（图 3-95）。每个目标被标注为不同角度,其中开口销和螺帽因其目标分布较为分散,使用常规的矩形框,不进行角度旋转,螺栓分布较为紧密且基于水平轴倾斜角度不一致,故标记为倾斜矩形形状。通过标注软件,能够获取四边形四个顶点坐标,利用 OpenCV 求解最小外接矩形函数,获取矩形中心点坐标、宽度、高度以及旋转角度。

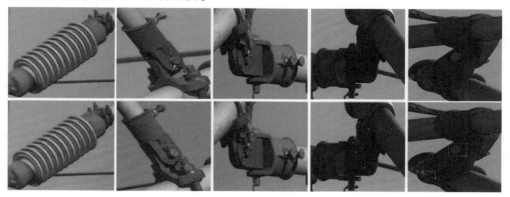

图 3-95　接触网训练集不同的零部件（图中绿色的标注框对应的零部件）,通过第一个阶段提取关键部件作为训练数据集

　　为了使得旋转框的角度回归更加准确,采用不同尺度的水平锚点框不足以训练多角度的目标场景。因此,设置了不同角度的旋转锚点框来拟合任意旋转矩形目标。标点框的长宽比设置 5 种不同的规格,具体为 $\{1,1/3,3,1/5,5\}$,因为紧固件在图像中为小目标,所以保留小尺度锚点框,具体尺度为 $\{8,16,32\}$,旋转角度初始锚点框设置为每隔 30° 逆时针旋转一次。在这种旋转框策略中,特征图中每个对应的特征点都产生 54 个旋转的锚点矩形框与之相对应(6 种角度,3 种不同长宽比例,3 种不同尺度),即假设特征图的长度为 H,宽度为 W,则在特征图中共产生 $H \times W \times 54$ 个候选区域。图 3-96 所示为训练过程中不同尺度旋转候选框映射在原始输入图像的效果。

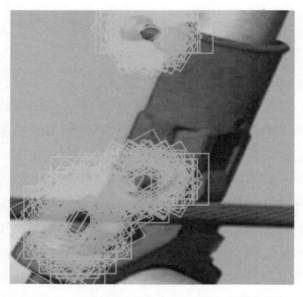

图 3-96　不同尺度旋转候选框在原始图像中的映射效果

　　在基于 ResNet 的特征金字塔中选取下采样尺度为 4、8、16 的特征图进行后续的分类和回归,通过 FPN 融合多尺度信息。由于紧固件尺寸和长宽比不同,所以在筛除冗余框的过程中,针对每一类目标在 RNMS 算法里采用不同的阈值处理。根据多次试验,RIoU 具体选取比例为:开口销阈值设置为 0.3,螺栓开口销阈值设置为 0.3,螺帽开口销阈值设置为 0.5,侧壁螺丝阈值设置为 0.4。在无人机图像中,绝缘子区域的螺栓紧固件通常呈倾斜紧密排列。图 3-97 展示了螺栓紧固件在 Faster R-CNN 算法和 RPNet 算法中的效果,图中第一列和第二列为 NMS 阈值为 0.3 的检测效果,当阈值设置较低时,水平检测框将出现较多重复冗余框,图中第三列为阈值为 0.8 的检测效果,当阈值设置较高时,水平框检测算法由于目标框之间相互遮挡,被遮挡的目标没有被检测出来。相比于旋转框检测,目标框的回归更加精确,召回率更高,对 NMS 阈值的敏感度较低。表 3-20 所示为 RPNet 算法与主流水平框检测算法的精度比较,可以看出,对于螺栓紧固件,旋转框算法取得较好的效果。

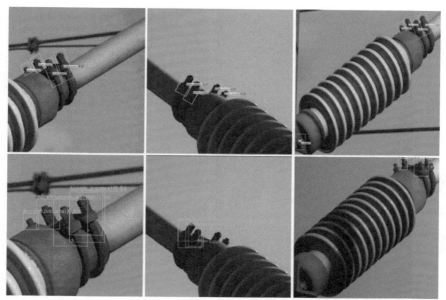

图3-97 螺栓紧固件在 Faster R-CNN 算法与 RPNet 算法中的检测结果对比

RPNet 算法与主流目标检测算法结果对比 表 3-20

算法模型	AP					
	螺栓	开口销 A	开口销 B	开口销 D	侧壁螺丝	螺帽
YOLOv5	0.757	0.851	0.914	0.943	0.901	0.921
Faster R-CNN + FPN	0.708	0.803	0.965	0.908	0.866	0.863
RPNet	0.963	0.921	0.957	0.936	0.894	0.942

利用改进的 Faster R-CNN 算法对检测区域进行初步定位能够减少算法被检测环境的干扰,同时提高小目标在图像中的面积占比。如图 3-98 所示,相比于两阶段定位紧固件算法(改进的 Faster R-CNN 和 RPNet 相结合),直接通过 RPNet 检测接触网紧固件定位精度更高,对于复杂环境下的算法鲁棒性更好,算法误检和漏检较少。图 3-99 为接触网连接处关键设备紧固件在测试集中的检测结果,检测结果中标记出所属类别和预测置信度。

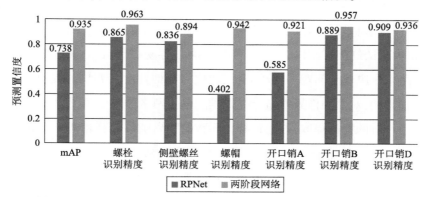

图 3-98 RPNet 与改进的 Faster R-CNN + RPNet 级联网络定位紧固件的对比图

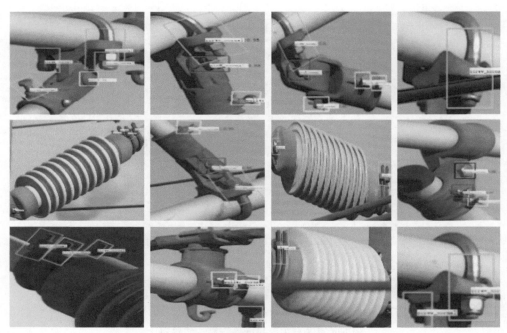

图 3-99　接触网支撑装置紧固件定位示例图

3.7.2.3　接触网支撑装置紧固件健康状态识别模型

（1）基于孪生网络的紧固件缺陷识别。

对于缺陷检测，往往会存在异常样本的复杂性和异常数据的少量性问题。对于小样本中的复杂性：缺陷检测不同于分类任务，在数据集中，分类任务有明确的类别划分，缺陷数据往往类别多样，与正常样本存在差异便为异常缺陷。因此，缺陷情况非常多，而且事先无法预知。对于小样本中的少量性：缺陷一般不常出现，所以其数据占比较小，收集困难。接触网支撑装置中，紧固件数量众多，故障类型各不相同，并且缺陷图像数量很少，如果利用目标检测算法直接检测，会使得检测器对缺陷数据识别率下降，模型很难直接学习到缺陷故障类型。作者在缺陷数据中发现，紧固件缺陷一般出现在开口销、螺栓、侧壁螺丝等紧固件上，通过与现场专业人员确认，将紧固件健康状态分为正常、损坏、完全缺失。对于缺陷检测，由于缺陷产生为小概率事件，无法提供大量的缺陷样本以供学习，使得分类很容易过拟合，常常造成错误分类。本书将从另一种思路来解决这个问题，将分类模型转化为相似性度量判别。提出基于孪生神经网络的小样本识别方法，对紧固件异常做分类识别。孪生网络输入一对图像，通过两个卷积网络权值共享实现图片对的特征提取，再通过特征函数的距离函数计算相似度。如图 3-100 所示，首先给定两个输入 x_1、x_2，再分别经过左右卷积网络 G_W 得到特征 $G_W(x_1)$ 和 $G_W(x_2)$，通过特征提取映射到特定的目标空间（左右两个网络特征提取的过程相互独立），最后对两个特征进行相似性度量，最小化损失函数。在训练阶段，孪生网络会根据损失函数，最小化同类别样本的损失,最大化不同类别的损失。相比于单个卷积网络输入单个样本,孪生网络输入两个样本并学习样本对之间的相似度,两个不同输入具有完全相同权重的神经网络结构。

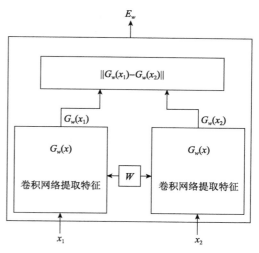

图 3-100　孪生神经网络结构

特征提取网络采用 VGGNet 算法,具体参数见表 3-21。VGGNet 包含 5 个卷积块,其中每个卷积模块内都有一定数量的卷积层用于提取特征,使得网络能够提取不同深度的特征信息,在每一个卷积之后都有一个最大池化层用于减少特征参数。VGG16 利用多个卷积核堆叠扩大感受野面积,同时降低网络参数,例如,通过两个 3×3 卷积核串联获得与一个 5×5 卷积核同样大的感受野,但是其需要训练的参数从 25 个减少到 18 个,在多个卷积核之间加入 ReLU 等非线性激活函数,以提高模型对抽象特征的拟合能力。层数更深的网络能够拟合更复杂的场景,但是,复杂的网络意味着网络容易过拟合。通过组合多种相互独立的模型,可以增强模型整体泛化性,但是时间成本更高,模型更复杂。在深度学习训练过程中,常常使用 Dropout 随机失活的方法提升网络的泛化能力。在网络训练时,以一定的概率将隐藏层的神经元去除,失活的神经元不参与网络的前馈计算和反向传播。由于训练迭代中会随机舍弃部分神经元,所以每一次给网络训练的批次均为不同的网络,如图 3-101 所示。对于包含 N 个神经元节点的网络,在 Dropout 的作用下可看作多个神经元部分失活的子模型组合,模型之间共享部分权值,并且具有完全相同的网络层数,而模型整体的参数数目不变,大大简化了运算。对于整个模型,在每次训练中都与一组随机挑选的不同神经元集合共同联合训练,增强模型泛化能力。每个子模型都参与最后结果的投票,避免了数据量过少而造成的过拟合现象。表 3-21 给出了 VGGNet 的详细配置结构。VGGNet 最后一层卷积提取的特征图维度为 $8 \times 8 \times 512$,如表中的倒数第六行所示;最后五行是对该特征图进行处理的操作,包括了 Dropout、全连接层(输出的通道维度为 4096)、ReLU、Dropout、全连接层(最终输出与识别类别数目一致的通道数用于预测)。

VGGNet 网络层参数　　　　　　　　　　　　表 3-21

层名	原始特征图尺寸	卷积核大小	特征图大小	特征图维度
Conv1	128×128	3×3	128×128	64
MaxPool1	128×128	2×2	64×64	128
Conv2	64×64	3×3	64×64	128
MaxPool2	64×64	2×2	32×32	256

层名	原始特征图尺寸	卷积核大小	特征图大小	特征图维度
Conv3	32×32	3×3	32×32	256
MaxPool3	32×32	2×2	16×16	512
Conv3	16×16	3×3	16×16	512
AvgPool1	16×16	2×2	8×8	512
输出特征图 $8 \times 8 \times 512$				
Dropout				
全连接-4096				
ReLU				
Dropout				
全连接				

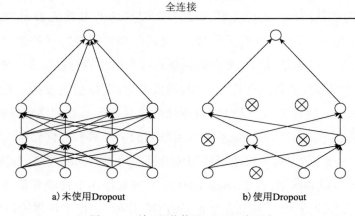

a) 未使用Dropout　　　　b) 使用Dropout

图 3-101　神经网络使用 Dropout 对比图

孪生网络采用对比损失函数如下式。对于成对图像,其中标记为相似或者不相似。

$$L(W) = \sum_{i=1}^{p} L(W, (y, x_1, x_2)^i) \tag{3-103}$$

对于每一对图像产生的损失:

$$L(W, (y, x_1, x_2)^i) = (1-y)L_G(E_W(x_1, x_2)^i) + y L_I(E_W(x_1, x_2)^i) \tag{3-104}$$

对比损失函数能够有效处理孪生网络中输入数据对的情况,y 为两个样本是否匹配的标签,$y=1$ 代表两个样本相似或者匹配,$y=0$ 代表不相似或者不匹配。L_G 与 L_I 为二分类交叉熵损失函数,判别两张图像是否相似。L_G 是只计算相同类别样本的损失函数,L_I 是只计算不相同类别的损失函数。P 代表训练的样本数量。

$$L_G(E_W(x_1, x_2)^i) = \log_2(1 - E_W(x_1^i, x_2^i)) \tag{3-105}$$

$$L_l(E_W(x_1,x_2)^i) = \log_2(E_W(x_1^i,x_2^i)) \tag{3-106}$$

式中，$E_W = 1/e^{-abs(x_1-x_2)}$，$\|a_n - b_n\|$代表两个样本在目标空间的欧式距离。通过 Sigmoid 函数将在目标空间中的向量差转化为 0 到 1 之间的数值，体现两个输入之间的差异。对比损失函数能够很好地反映样本对的匹配情况，当两个样本为同类样本时，损失函数为 $y\log_2(1-E_W(x_1^i,x_2^i))$，若要损失值更小，则 $E_W(x_1^i,x_2^i)$ 需要更小，与假设样本为同类别一致。当两个样本为异类时，损失函数为 $(1-y)\log_2(1-E_W(x_1^i,x_2^i))$，若要损失值更小，则 $E_W(x_1^i,x_2^i)$ 需要更大，也就是目标空间中两个向量差异值更大，与假设样本为异类一致。

经过训练后，模型能够判断图像间相似性。对每个类别建立测试图库，存放随机选取的样本图像，设定每类图像的测试图库数量为 5 张。待识别图像分别与不同类测试图库通过孪生神经网络计算相似度，每个类别得到 5 个相似度结果，计算其平均值，得到最终的相似度，选取其中最大的相似度类别作为其预测类别。通过相似度计算，可以避免网络因训练样本不平衡造成类别识别错误率下降。

（2）实验细节及实验结果分析。

相似度网络模型训练基于 Pytorch 框架，实验在 Ubuntu 操作系统、英伟达 2080Ti 显卡、16GB 内存上完成。如图 3-102 所示，实验数据为紧固件提取图像，类别为螺栓等六类目标。根据其不同的缺陷状态，划分为正常、损坏、缺失。对于每一类紧固件图像，先由原始图像定位到接触网连接处区域，再由连接处区域定位到紧固件。在训练图像进入模型前，调整图像为同一大小 128×128，网络初始学习率为 0.01，权重衰减是 10^{-6}，采用 Adam 优化器更新网络参数。训练数据经过随机翻转、旋转、随机噪声、亮度调整等预处理方法进行增强。将训练数据集中同一类别放入相同文件夹，每次训练时模型的输入为两张图像组成的数据对，网络通过学习图像间的不同信息判断类别异同，当两个输入图像为同一类别时，给定一个标签为 1，当输入图像为不同类别时，给定一个标签为 0。数据集中，60% 为训练集，20% 为验证集，20% 为测试集。如图 3-103 所示，训练 loss 损失函数在经过 12000 次迭代后，损失趋于稳定，图中为平均每 10 个点取一次。图 3-104 为测试集中的精确度曲线，在 2000 次循环中精确度快速增长，在 10000 次后保持微弱上升趋势。表 3-22 表示了与一些传统的识别方法的对比（包括 HOG 提取特征 SVM 分类和融合模版匹配的 SIFT 算法提取尺度不变特征）。

对比传统分类方法结果　　　　　　　　　　　　　　表 3-22

算法模型	mAP	FPS
HOG + SVM	71.45	14
SIFT + template	65.36	67
Our method	92.36	136

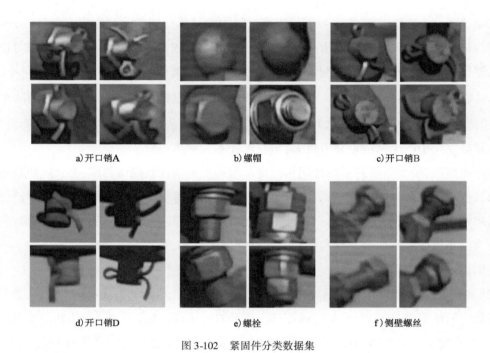

a)开口销A   b)螺帽   c)开口销B

d)开口销D   e)螺栓   f)侧壁螺丝

图 3-102 紧固件分类数据集

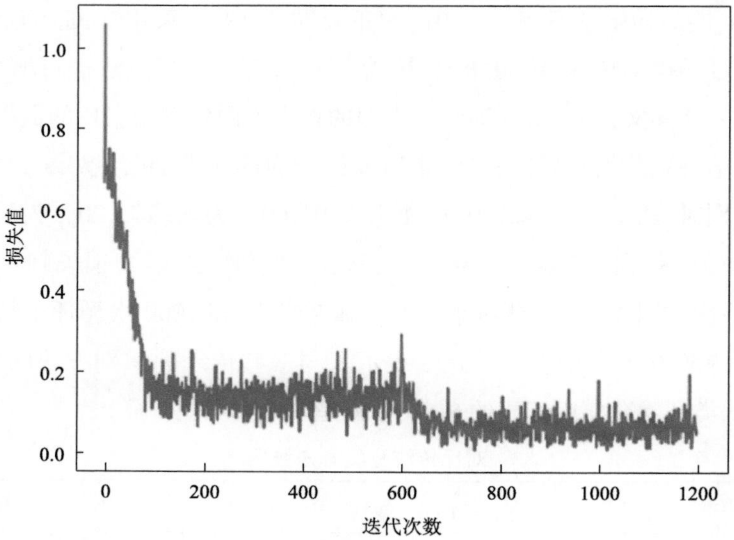

图 3-103 训练损失函数

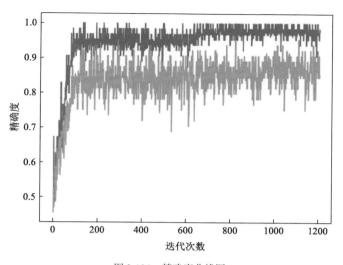

图 3-104　精确度曲线图

注：蓝色曲线为训练精确度，黄色曲线为测试精确度。

3.8　铁路电务铁塔典型缺陷图像检测方法

在铁路通信系统中，尤其是在客运专线中，无线通信系统的重要性不言而喻。而通信铁塔是承载无线通信系统天线的设施，是无线通信系统的重要组成部分。与一般通信设备不同，铁塔不能安装于通信机房内，而是安装在室外，并且数量众多，距铁路线近，其安全性和稳定性不仅影响无线通信自身的稳定，还直接影响着铁路的行车安全以及旅客的生命财产安全。因此，在电务作业中，对通信铁塔螺栓、构件的检测尤为重要。

铁塔螺栓和天线抱箍螺栓是通信铁塔上的重要组件，容易出现松动和脱落的情况。通过对无人机采集的铁塔图像进行分析，可以检测出铁塔螺栓和天线抱箍螺栓是否存在异常问题。图 3-105 所示是无人机航拍的铁塔螺栓和天线抱箍螺栓图片。

图 3-105　无人机采集的铁塔螺栓和天线抱箍螺栓图像

由于此类异常数据量少,且无人机拍摄距离导致螺栓大小和尺度不一,针对上述问题,采用 YOLOv5 的深度网络模型进行检测,具体的网络结构如图 3-106 所示。

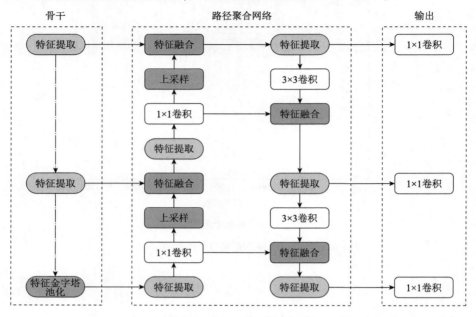

图 3-106　YOLOv5 网络结构

利用 YOLOv5 模型对无人机采集的图像中铁塔螺栓情况进行检测,结果如图 3-107 所示,可以看出训练完成的 YOLOv5 能够较好地检测出无人机航拍线路图中的正常铁塔螺栓和脱落螺栓,具有一定的实用效果。

图 3-107　铁塔螺栓脱落检测结果示意图

4

铁路基础设施无人机
智能巡检系统
示范应用

本章结合前文所述,就无人机对高速铁路的巡检工作进行验证性试验,同时将利用前文介绍的智能分析模型,对试验采集得到的数据进行智能分析和可视化展示。巡检试验将分为"专业场景巡检"与"综合场景巡检"。

在"专业场景巡检"中,将根据高速铁路运维管理的不同部门,分专业进行飞行试验验证;"综合场景巡检"则针对现有巡检方式中难以解决、困难复杂的运维场景(如桥梁、隧道等)进行巡检试验,展示方法的实用性与优势。

4.1　巡检内容及飞行方案

4.1.1　专业巡检

高速铁路日常运维管理分为工务、电务、供电等不同部门,负责高速铁路线路不同内容的安全维护,不同专业的运维管理需求也不尽相同,针对各专业的现有需求,进行专业巡检。

(1)工务专业巡检。

工务专业巡检采用单侧倾斜飞行巡检,飞行速度 2m/s,飞行相对高度 50m±2m,横向安全距离 40m±3m,如图 4-1 所示。数据采集区域如图 4-2 所示,1～2 为工务专业覆盖范围。通过北斗导航定位,进行巡检任务路径规划,完成线路设计后,对 1～2 区域进行全覆盖自动化巡检。

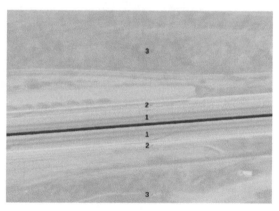

图 4-1　无人机飞行巡检示意图　　　　　图 4-2　工务数据采集区域

无人机携带满足工务专业作业要求的挂载设备完成精细化巡检,变焦相机单张图片覆盖区域为 4305mm,图片拍摄间隔为 2s/张,云台角度为 50°±10°,地面采样间隔 GSD=1.1mm。变焦相机变焦倍数以单条轨道在画面中纵向占比为 50%±5% 为标准,以可识别物体最小像素数20规划,可识别物体尺寸最小为22mm,巡检效果如图4-3所示。形成图片巡检数据库,通过智能分析平台,经技术人员确认后,及时发现隐患位置,为检修工作提供有力依据。

图4-3　工务专业巡检采集图像展示

　　工务专业巡检试验飞行范围为铁路某段(约2km)及铁路济南西综合维修车间保养点。在天气等外部因素满足起飞条件的前提下,针对实际线路,以线路既有工务专业巡检目标为准;针对铁路济南西综合维修车间保养点进行部分故障缺陷仿真模拟巡检试验,如图4-4、图4-5所示。

图4-4　保养点实地试验实景图1

图4-5　保养点实地试验实景图2

　　(2)供电专业巡检。

　　铁路供电系统单侧50m一个接触杆,每单侧巡检1次,实现对接触杆部组件的顶部部分进行巡检,飞行速度2m/s,飞行相对高度50m±2m,横向安全距离20m±3m。通过北斗导航定位,进行巡检任务路径规划,对沿线接触网进行飞行拍摄,对接触网杆位置进行定点悬停拍摄,拍摄方式如图4-6所示,完成线路设计后,对该区域供电专业场景进行全覆盖自动化巡检。

　　无人机携带满足供电专业作业要求的挂载设备完成精细化巡检,要求单张图片覆盖区域为3000mm,图片拍摄间隔为2s/张,云台角度为50°±10°,地面采样间隔GSD=0.77mm。变焦相机变焦倍数以铁路接触网杆线及配套设施在画面中纵向占比为 50%±5% 作为标准,可识别物体尺寸最小为 15mm,巡检效果如图 4-7 所示。形成图片巡检数据库,通过智能分析平台,经技术人员确认后,及时发现隐患位置,为检修工作提供有力依据。

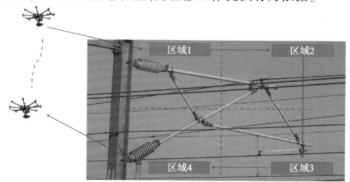

图 4-6　无人机拍摄策略设计示意图

图 4-7　供电专业巡检采集图像展示

供电专业巡检试验飞行范围为铁路某段(约 2km)及铁路济南西综合维修车间保养点。针对实际线路,以线路既有供电专业巡检目标为准;针对铁路济南西综合维修车间保养点进行部分故障缺陷仿真模拟巡检试验,如图 4-8 所示。

图 4-8　接触网仿真模拟实验设计图

（3）电务专业巡检。

电务专业无人机巡检工作以多旋翼无人机通信铁塔精细化巡检为主。多旋翼无人机以超低空飞行为主，飞行相对高度 50m±2m，横向安全距离 20m±3m，通过北斗导航定位，进行巡检任务路径规划，对铁塔进行 360° 飞行规划，在每个飞行布点处，旋翼无人机进行铅锤飞行，并悬停在铁塔每一层级，对该层级绝缘子、塔材、紧固件、导线、防鸟装置等进行精准拍照，最终完成 360° 电务铁塔巡检工作，如图 4-9 所示。

无人机携带满足电务专业作业要求的挂载设备完成精细化巡检，要求单张图片覆盖区域为 4000mm，地面采样间隔 GSD=1.03mm。可识别物体尺寸最小为 20mm，巡检效果如图 4-10 所示。形成图片巡检数据库，通过智能分析平台，经技术人员确认后，及时发现隐患位置，为检修工作提供有力依据。

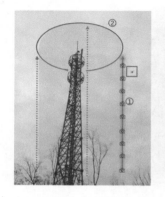

图 4-9　铁塔巡检策略示意图　　　　图 4-10　电务专业巡检采集图像展示

电务专业巡检试验飞行范围为铁路某段存在通信铁塔区域。在天气等外部因素满足起飞条件的前提下，对多种天气情况进行验证飞行，以线路既有电务铁塔专业巡检目标为准。图 4-11 为铁塔巡检实景图。

图 4-11　铁塔巡检实景图

4.1.2 综合场景巡检

（1）山区隧道场景综合巡检。

山区隧道口部分实现对山区周边环境、隧道口边坡、隧道口排水设施、隧道口顶部结构、工务线路及声屏障等部分进行综合巡检，飞行速度8m/s，飞行相对高度80m±2m，横向安全距离20m±3m，距离隧道口220m。数据采集区域如图4-12所示，1~4为隧道口覆盖范围，5为工务线路覆盖范围，6为周边环境覆盖范围。通过北斗导航定位，进行巡检任务路径规划，在无人机不横跨线路的飞行规则下，采用沿线单侧路径规划，并在隧道口上端远离线路区域进行航线规划，完成U形巡检。

图4-12 山区隧道口数据采集区域

无人机携带满足隧道场景综合作业要求的挂载设备完成精细化巡检，广角相机巡检单张图片覆盖区域为50000mm，变焦相机单张图片覆盖区域为4305mm，在人员首次手动飞行的基础上，应用精准复拍功能实现自主巡线，图片拍摄间隔为3s/张，云台角度为40°±10°，地面采样间隔GSD=12.86mm。广角相机以可识别物体最小像素数20规划，可识别物体尺寸最小为257mm。变焦相机的变焦倍数以画面覆盖区域为50000mm±500mm作为标准，以可识别物体最小像素数20规划，可识别物体尺寸最小为22mm。巡检效果如图4-13所示。形成图片巡检数据库，通过智能分析平台，经技术人员确认后，及时发现隐患位置，为检修工作提供有力依据。

图4-13 山区隧道口巡检采集图像展示

山区隧道口场景综合作业巡检主要在某铁路线路隧道连接处附近和山区进行。并针对铁路现有需求中易出现的突出隐患进行了仿真模拟试验,以获取足够的正样本,提升智能巡检系统检测精度。图4-14为山区隧道口巡检实景图。

图4-14　山区隧道口巡检实景图

(2)桥梁场景综合巡检。

桥梁区域划分如图4-15所示,依托移动式无人机场,桥梁每单侧巡检4次,实现对桥梁墩台墩身、桥梁钢结构、桥栏杆等部分分别巡检,飞行速度2m/s,由于桥梁部分巡检环境复杂,难度较大,针对不同区域场景依照不同距离高度及数据采集策略进行巡检作业。通过北斗导航定位,进行巡检任务路径规划,在无人机尽量远离桥梁的飞行规则下,针对不同巡检区域进行重复单侧飞行航线规划,完成桥梁场景综合巡检作业。单任务单侧飞行距离为720m。

图4-15　桥梁数据采集区域

无人机携带满足隧道场景综合作业要求的挂载设备完成精细化巡检,变焦相机每次巡检单张图片覆盖区域为5000mm,在人员首次手动飞行的基础上,应用精准复拍功能实现自主巡线,图片拍摄间隔为2s/张,地面采样间隔GSD=1.28mm,如图4-16所示。以可识别物体最小像素数20规划,可识别物体尺寸最小为26mm。因桥梁属于多面目标,划分不同参数进行巡检,具体指标见表4-1。

图 4-16　桥梁巡检多机协同巡检实景图

桥梁场景综合作业巡检指标　　　　　　　　　　　　　　表 4-1

名称	1 区域桥底面	1 区域桥墩	2 区域	3 区域	4 区域
架次（单）	2	2	2	2	3
飞行相对高度（m）	10 + 5	35 ± 2	45 ± 3	45 ± 3	50 ± 3
横向安全距离（m）	− 5 ± 3	40 ± 3			
变焦倍数	桥底在画面中以清晰分辨螺母为标准	以桥梁墩台墩身在画面中横向占比为 50% ± 5% 为标准	桥梁钢结构、桥栏杆在画面中以清晰分辨螺母为标准		

　　桥梁场景综合作业巡检主要在铁路高架桥处进行。针对桥梁复杂的巡检情况，采用全自动巡检，多机协同等方式进行验证性试验飞行（图 4-17）。

图 4-17　桥梁巡检实景图

　　此次飞行巡检试验也获得国内多家媒体报道（图 4-18）。

图 4-18　部分媒体报道展示

4.1.3　巡检安全注意事项

　　无人机现场作业时,在有风情况下,应该在铁路运行区间下风侧进行飞行,尽量避免到铁路运行区间上风侧飞行;无人机飞行过程中,要确保无人机在试验人员的正常视距范围内飞行,一般取前后纵深 500m;同时还要确保无人机飞行途经区域没有任何其他可能影响其飞行的建筑,确保无人机飞行轨迹不会与任何建筑物或高大植被有交叉重叠,如图 4-19 所示。

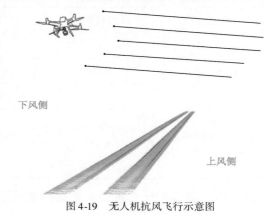

图 4-19　无人机抗风飞行示意图

4.2　巡检安全保障

4.2.1　无人机关键安全参数

　　本飞行试验要求的无人机飞行平台,其关键安全参数如下:

①续航能力:最长飞行时间 55min;

②防水防尘能力:IP45 等级防护,防尘能力 4 级,防水能力 5 级;

③抗风能力:最高可承受 15m/s(7 级)大风;

④耐高低温:可在 −20 ~ 50℃ 范围内工作;

⑤最远控制距离:15km。

4.2.2 无人机安全保障

旋翼无人机集成了双目视觉和飞行时间技术(Time of Flight)传感器,可以实现前后左右上下六个方向自动避障功能。当无人机因突发状况与控制平台信号中断或者无人机电池电量过低时,会强制执行自动返航功能,并给地面中断设备报警提示。

在无人机飞行前,应调查当天天气情况,包括风力情况、是否有雨雪等恶劣天气。不同的无人机型号具有不同的抗风等级,应当避免在恶劣天气下飞行,以防无人机飞行不稳定。在起飞之前,应当保证无人机各线路和连接装置正常,确保无人机及其机载设备电量充足;打开图像采集设备,选择拍摄模式,确定图像传输系统正常;测试地面控制系统对云台的控制和飞手遥控拍照是否正常;测试无人机在起飞过程中及飞行巡检作业地点附近是否稳定,在无人机保持悬停姿态时,出现有较小的晃动,不影响作业。如果无人机与其相机云台抖动很大,或出现因为周围电磁干扰造成的大范围漂移和不可控或者在无人机图像传输时出现间接性闪烁、雪花,甚至蓝屏无图传等情况,则说明铁路接触网输电线路存在相对较强的磁场,对无人机飞控系统造成一定影响。对于上述情况,应当暂停无人机巡检,更换无人机设备或者重新制定无人机巡检线路。

无人机应当具备一键返航和链路中断返航功能。由于大多数无人机在启动一键返航功能后,只能按照当前所在位置与预设定返航点之间的连线进行直线返航,在突发情况下,很有可能在返航途中遇上障碍物而发生事故。因此,在无人机返航策略中,可预先设置包括但不限于飞行高度、飞行航线、飞行速度、降落方式等,在触发一键返航后,无人机应当中断任务作业,执行返航命令,按照预先设定的策略自动返航。无人机链路系统包括发射系统、接收系统、信息处理及显示系统。无人机在执行任务时,如果出现测控链路失效以及机械故障等情况,则可能不受控制而飞出预先设定的航线,从而导致链路系统中断,给无人机飞行带来危险。无人机链路中断返航功能将在无人机失去控制后根据卫星地图和定位信息,按照预先设定的返航路线自动返航。完成上述检测,可以将无人机巡检风险降到最低,如图4-20所示。

图4-20　无人机安全保障示意图

4.2.3　铁路沿线巡检电子围栏安全防护

电子围栏的设计对无人机巡检铁路沿线发挥重要作用,如图 4-21 所示。无人机飞行后台软件中设置飞行路线,利用铁路车站、线路地理信息系统,防控无人机进入铁路安全红线空间。另外,结合北斗精确的差分定位信号,确保无人机准确地在指定空域运行;通过地面控制站设置飞行限制区域,可以将无人机限制在此区域内,确保无人机在规定的安全区域内飞行作业。结合电子围栏功能,自动飞行模式下,无人机在即将超出铁路安全区域时,将会重新自动规划航线避免进入铁路飞行限界区域内。在手动飞行模式下,当无人机即将飞入限界时将暂停飞行任务,同时地面终端系统上会发出警报提示,阻挡无人机飞入特定区域,如铁路上方等。

图 4-21　电子围栏安全防护设置

4.3　系统平台主要功能展示

开发了铁路基础设施无人机巡检系统平台,平台功能主要包括巡检上报与管理、统计决策和运维支持。系统从巡检管理、缺陷管理和可视化决策等多方面,全面保障铁路运行安全,如图 4-22 所示。

4.3.1　巡检管理

巡检管理主要负责日常巡检计划的制定、任务派发与执行管理,如图 4-23 所示。首先,运维管理中心根据各专业巡检需求提出例行巡检申请。在任务审批通过后,将巡检任务下派到现场的无人机公司。公司接收到任务后制定巡检方案,包括航线规划、巡检方法和安全保障等,并派发无人机到任务区域执行基础设施巡检任务。如图 4-24 所示,该界面还支持查看巡检任务详情,工作人员可根据巡检任务详情执行任务,同时将反馈信息及时录入到系统中,并实时监测无人机位置与数据采集情况(图 4-25)。

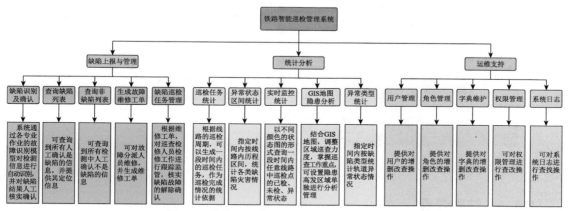

图 4-22 铁路基础设施无人机巡检系统平台模块图

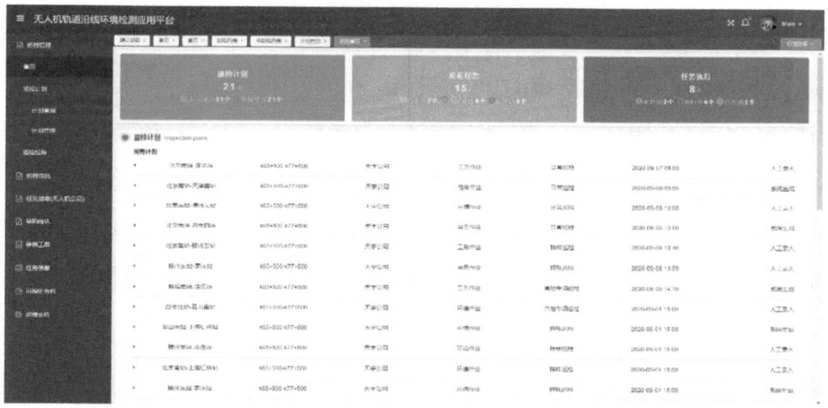

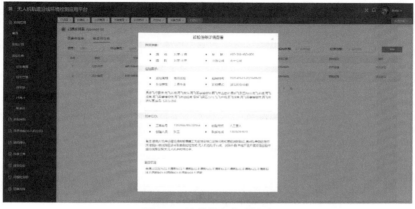

图 4-23 巡检管理界面展示

图 4-24 巡检任务查看展示

图 4-25　巡检实时监测功能展示

4.3.2　缺陷管理

巡检任务结束后,现场巡检人员即刻将数据上传至系统后端云平台,同时将巡检信息(包括工作单位、巡检起始时间、巡检结束时间、巡检区域、巡检专业等)录入到系统作备份。运维管理中心接到数据之后,利用嵌入了各类智能算法的后端分析软件进行数据处理并初步确定缺陷类别及位置,并根据铁路各专业维修管理条例和缺陷类别确定缺陷风险等级(维修或更换)。最后,运维管理中心按照确定的缺陷类别 + 风险等级 + 地点(公里 + 里程数)派发维修任务到对应的现场运维部门,现场工作人员根据反馈的信息对缺陷进行再确认,并依据风险等级对设备进行维修或者更换,如图 4-26、图 4-27 所示。

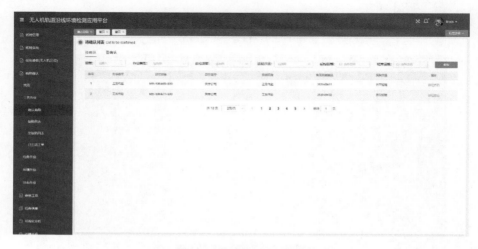

图 4-26　缺陷管理界面展示

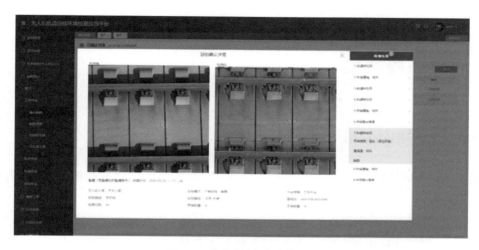

图 4-27 缺陷确认复核功能展示

4.3.3 可视化决策

除了巡检管理和缺陷管理,高速铁路基础设施无人机巡检系统平台还需设计可视化决策服务,方便工作人员作出决策。如图 4-28 所示,可视化决策服务针对铁路不同专业,提供了巡检任务具体的检测时间、检测地点、检测里程、发现异常总数和高风险总数等。通过历史记录,可以看到往期检测异常总数趋势和往期检测高风险总数趋势。此外,根据重点检测路段和非重点检测路段对巡检区域进行划分,工作人员可以查看重点路段的异常检测情况,以此作出相应的处理决策。

图 4-28 可视化决策功能展示

4.4 现场巡检效果

4.4.1 轨道扣件缺陷检测

轨道扣件缺陷主要有破损和丢失两类。图 4-29 展示了正常扣件、破损扣件、丢失扣件的图像。

  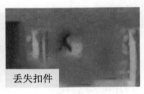

正常扣件　　　　　破损扣件　　　　　丢失扣件

图 4-29　扣件状态示意图

针对通过无人机巡检采集回来的工务扣件可见光图像数据,通过图像灰度化、几何变化和线性插值等预处理操作进行数据增强,扩充数据集。用图像标注软件 LabelImg 对扣件进行标注,再送入改进过的深度学习目标检测算法中。

试验采用第 3 章中介绍的基于 YOLOv3 剪枝算法的扣件缺陷检测模型,并最终取得了非常好的效果。检测效果如图 4-30 所示。

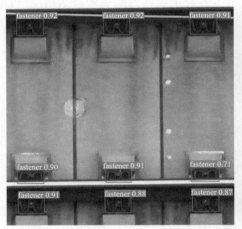 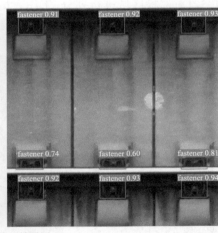

图 4-30　扣件检测效果图

4.4.2 接触网密集目标检测

接触网安全检测极为重要。接触网支撑装置上的紧固件,受列车长期运行产生的振动影响,可能断裂甚至丢失。接触网部件种类众多,人工检测费时费力。按照检测类别将检测目标分为六类,包括紧固螺栓、侧壁螺丝螺帽和三种不同类型的开口销,按照检测状态分为正常、潜在缺失、缺失三类,如图 4-31 所示。

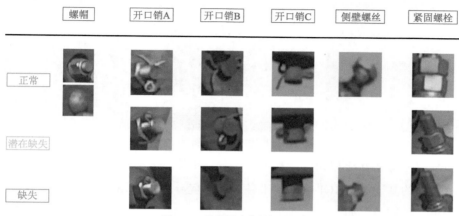

图 4-31　接触网密集目标展示

通过制作接触网数据集,将接触网基础部件分为 18 个类别,检测物体为开口销、螺栓、螺帽。采用了第 3 章介绍的基于级联网络的接触网支撑装置紧固件缺陷检测模型,达到了较高的检测精度。检测效果如图 4-32 所示。

图 4-32　接触网密集目标检测效果图

4.4.3　周边环境隐患目标检测

铁路沿线周边环境的潜在安全隐患是影响列车运行安全的重要因素,现有的铁路场景图像智能分析方法场景分析能力差、自动化水平有限,且隐患排查过分依赖人工辅助。基于采集得到的无人机巡检数据,尤其对诸如"盖土网""违建""垃圾"等面积较大的目标,使用基于深度学习的目标检测技术可以很好地克服上述问题。同时,需要根据占地面积对周边环境地物进行判别分类,筛选出有危险性的目标,减少人工复核工作量。因此,本书采用实例分割算法对周边环境地物进行检测,不仅可以对目标进行定位检测,还可以在图像像素级给出标识,如图 4-33 所示。

图 4-33　周边环境隐患标注示意图

通过多种数据增强方法和深度迁移学习方法，可以在一定程度上提升训练精度和效果。采用第 3 章介绍的基于 YOLACT 的铁路工务周边环境异常检测模型，分割精度和检测精度均达到较好效果。检测效果如图 4-34 所示。

图 4-34　周边环境隐患检测示意图

4.4.4　桥梁关键部件检测

桥梁是高速铁路沿线最重要的基础设施，对其进行巡检，任务繁重。由于长期的风雨侵蚀，铁路桥梁钢结构与螺栓常常会有锈蚀、缺失的情况，对桥梁的稳定性造成重大影响，且螺栓的锈蚀会导致设备拆卸困难，对后期的安全管理造成极为巨大的负面影响。图 4-35 是典型铁路桥梁缺陷图片。

图 4-35　桥梁螺栓缺陷示意图

　　本书采用第 3 章介绍的基于 Ghost-YOLOv5 的桥梁缺陷检测模型,对采集到的桥梁可见光图像数据进行处理。螺栓和钢结构的锈蚀检测可视化结果如图 4-36 所示。

图 4-36　桥梁螺栓缺陷检测效果图

参 考 文 献

［1］ 中华人民共和国铁道部.高速铁路有砟轨道线路维修规则(试行)［M］.北京:中国铁道出版社,2013.

［2］ 中华人民共和国铁道部.高速铁路无砟轨道线路维修规则(试行)［M］.北京:中国铁道出版社,2012.

［3］ 中国铁路总公司.高速铁路路基修理规则［M］.北京:中国铁道出版社,2015.

［4］ 中国民航科学技术研究院.无人驾驶航空器系统作业飞行技术规范:MH/T 1069—2018［S/OL］.(2018-08-21)［2023-03-07］.https://www.doc88.com/p-98573131206287.html.

［5］ WU Y P,QIN Y,QIAN Y.Hybrid deep learning architecture for rail surface segmentation and surface defect detection［J］.Computer-Aided Civil and Infrastructure Engineering,2022,37(2):227-244.

［6］ WU Y P,QIN Y,WANG Z P,et al.Densely pyramidal residual network for UAV-based railway images dehazing［J］.Neurocomputing,2020,371(2):124-136.

［7］ WU Y P,QIN Y,WANG Z P,et al.A UAV-based visual inspection method for rail surface defects［J］.Applied Sciences,2018,8(7):1028.

［8］ 吴云鹏,秦勇,谢征宇,等.高铁线路视频监控热成像摄像机测试［J］.中国铁路,2017(12):88-92.

［9］ WU Y P,QIN Y,QIAN Y,et al.Automatic detection of arbitrarily oriented fastener defect in high-speed railway［J］.Automation in construction,2021,131:103913.1-103913.15.

［10］ GUO F,QIAN Y,WU Y P,et al.Automatic railroad track components inspection using realtime instance segmentation［J］.Computer-Aided Civil and Infrastructure Engineering,2021,36(3):362-377.

［11］ LIU J H,WANG Z P,WU Y P,et al.An improved Faster R-CNN for UAV-based catenary support device inspection［J］.International Journal of Software Engineering and Knowledge Engineering,2020,30(7):941-959.

［12］ YANG J F,WU Y P,QIN Y,et al.Railway snowfall status evaluation based on single image［J］.Journal of Applied Science and Engineering,2019,22(3):509-520.

［13］ WU Y P,QIN Y,JIA L M.Research on rail surface defect detection method based on UAV images［C］//2018 Prognostics and System Health Management Conference(PHMChongqing).

IEEE,2018:553-558.

[14] LIU J,WU Y,QIN Y,et al. Defect detection for bird-preventing and fasteners on the catenary support device using improved faster R-CNN[C] // Proceedings of the 4th International Conference on Electrical and Information Technologies for Rail Transportation(EITRT)2019: Rail Transportation Information Processing and Operational Management Technologies. Singapore:Springer,2020:695-704.

[15] CHEN P,WU Y P,QIN Y,et al. Rail fastener defect inspection based on UAV images:a comparative study[C] // Proceedings of the 4th International Conference on Electrical and Information Technologies for Rail Transportation(EITRT)2019:Rail Transportation Information Processing and Operational Management Technologies. Singapore:Springer,2020: 685-694.

[16] CUI J,WU Y,Qin Y,et al. Defect Detection for Catenary Sling Based on Image Processing and Deep Learning Method[C] // Proceedings of the 4th International Conference on Electrical and Information Technologies for Rail Transportation(EITRT)2019:Rail Transportation Information Processing and Operational Management Technologies. Singapore:Springer,2020: 675-683.

[17] YANG J F,CHENG X Q,WU Y P,et al. Railway comprehensive monitoring and warning system framework based on space-air-vehicle-ground integration network[C] // 2018 Prognostics and System Health Management Conference(PHM-Chongqing). IEEE,2018: 1314-1319.

[18] LI Q X,QIN Y,CHEN P,et al. An object segmentation method for railway surrounding environment based on three-dimensional point cloud[C] //2020 International Conference on Sensing,Diagnostics,Prognostics,and Control(SDPC). IEEE,doi:10. 1109/sdpc49476. 2020.9353151.

[19] 吴云鹏.高铁沿线典型设备的无人机图像智能缺陷检测研究[D].北京:北京交通大学,2021.

[20] 李齐贤.基于无人机图像与激光融合的铁路运行环境异常识别方法研究[D].北京:北京交通大学,2021.

[21] 刘嘉豪.基于无人机图像的铁路接触网典型缺陷智能识别方法研究[D].北京:北京交通大学,2021.